智能前沿

群智能优化算法及应用

李煜 刘景森 何小锋 著

中国经济出版社
CHINA ECONOMIC PUBLISHING HOUSE
·北京·

图书在版编目（CIP）数据

智能前沿：群智能优化算法及应用/李煜，刘景森，何小锋著．
—北京：中国经济出版社，2020.5
ISBN 978-7-5136-5869-0

Ⅰ．①智… Ⅱ．①李… ②刘… ③何… Ⅲ．①最优化算法 Ⅳ．①O242.23

中国版本图书馆 CIP 数据核字（2019）第 188670 号

组稿编辑 崔姜薇
责任编辑 夏军城
责任印制 马小宾
封面设计 任燕飞

出版发行 中国经济出版社
印 刷 者 北京九州迅驰传媒文化有限公司
经 销 者 各地新华书店
开 本 710mm×1000mm 1/16
印 张 14.75
字 数 227 千字
版 次 2020 年 5 月第 1 版
印 次 2020 年 5 月第 1 次
定 价 58.00 元
广告经营许可证 京西工商广字第 8179 号

中国经济出版社 **网址** www.economyph.com **社址** 北京市东城区安定门外大街 58 号 **邮编** 100011
本版图书如存在印装质量问题，请与本社销售中心联系调换（联系电话：010-57512564）

目录
CONTENTS

第 1 章

绪　论

1.1 引言

20 世纪 60 年代以来，智能优化作为一门新兴的交叉学科，从无到有，由弱到强。智能优化的出发点是模拟自然以实现对复杂问题的求解，目前已成为系统科学、计算机科学、人工智能最活跃的研究领域之一，吸引世界范围众多学者的关注和深入研究。[1-3]越来越多的人致力于研究自然界中存在的计算模式，先后从不同研究视角通过模拟不同的自然现象从而获得更好、更有效的算法。智能算法是研究复杂的、不确定的、变化的环境中智能行为的自适应机制，包括学习能力、对新情况的适应能力、抽象能力、泛化能力、发现能力与联想能力等。智能算法具有很强的多学科交叉特点，它是生物学、神经科学、认知科学、计算机科学、免疫学、哲学、社会性、数学、信息科学、非线性科学、工程学、音乐、物理学等众多学科相互交叉融合的结果，是人们对自然智能认识和模拟的最新成果，它的深入发展将极大地改变人们认识自然、求解现实问题的能力和水平。在工程技术、社会经济以及科学计算领域存在大量复杂的计算问题，这些问题表现出高度的非线性、不可导、不连续、高复杂性。科学家通过模拟自然界的许多现象，如生物的演变进化、生物群体行为、DNA、文化、量子行为等，试图解决自然或人造系统中的各类复杂优化问题，并取得了很大进展。[2,4,5]

最优化问题分为连续变量问题和离散变量问题两大类，其中，连续变量问题又可称为函数优化问题，一般是求一组实数，或者是一个函数，分为线性规划和非线性规划两类；离散变量问题一般是从一个无限集或可数无限集里寻找一个对象（如一个整数、一个集合、一个排列或者一个图），往往被称为组合优化问题（Combinatorial Optimization）。[3,6-9] 在现实生活中，很多问题表现为离散的组合优化问题，例如，旅行商问题是解决商人如何安排经过城市的顺序以使其所走的路程最短；车辆路径问题是解决物流系统如何引导车辆寻路以使其所花代价最小；背包问题是解决旅行者如何在有限的承受能力范围内选择价值最大的物品；最小树问题可以解决现实中的管道铺设、电路设计、通信系统、计算机网络等问题；图着色问题的应用背景包括任务调度、资源分配、排课表、VLSI 布线和测试等，大量的科技、管理及工业设计也可归结为图着色问题来解决。[10-18] 经过数学家们多年研究和整理，以上这一类组合优化问题被确定为 NP（Non-deterministic Polynomial time，非确定性多项式时间）难题。

在过去的 50 多年中，以遗传算法等为代表的启发式随机搜索算法，在理论和应用方面都取得了长足进步。智能算法的快速发展与其广阔的应用背景紧密相关，随着经济、社会和科学的不断发展，现实中面临的重大问题越来越多，复杂程度也越来越高。为了提高算法的性能必须不断加强对智能计算工作机理的认识，从根本上解决这一问题。[19] 智能优化没有严格的定义，从不同的角度可以给出不同的定义，其本质主要是利用自然现象构造计算模型，或是利用计算机重现自然现象，具有模拟自然界的特点，一般是一类具有自适应、自组织、自学习能力的模型和算法，可以解决传统优化方法难以解决的各种复杂问题。智能算法的特征是比喻性地使用自然系统潜在的概念、原理和机制，如遗传算法使用生物进化论的复制、变异、杂交等概念和机制。其主要研究领域包括遗传算法[20-23]、神经网络[24,25]、粒子群算法[26,27]、蚁群算法[28-30]、量子计算[31-33]、模拟退火[34,35]、DNA 计算[36,37]、元胞自动机[38,39]、布谷鸟算法[40,41]、膜计算[42,43]等。

智能优化作为一个新兴的交叉学科领域，自 20 世纪后半叶以来，无论是在理论探索还是应用拓展方面，均得到了全面快速发展，已经成为系统科学、计算机科学、人工智能等领域的一个重要分支。针对经济和社会等工程技术和管理中的重大决策任务，以及科学研究中大量存在的复杂计算任务，智能优化无论是在面向这些任务的复杂系统建模与模拟，还是在复杂决策分析和优化问题的求解方面，均提出了一套崭新的研究思想和解决方案。与传统理论和方法相比，智能优化算法有着强大的全局搜索能力、问题域的独立性、信息处理的隐并行性、应用的鲁棒性和操作的简明性，成为一种具有良好普世性和规模化的优化方法。进入 21 世纪以来，更是掀起智能算法的研究高潮，短短十年间，新的智能算法竞相涌现，各种算法百花齐放，如和声搜索算法[44,45]、蝙蝠算法[46,47]、布谷鸟算法[41,48]、萤火虫算法[49,50]等。

传统优化算法为优化问题的求解提供了巨大帮助，但计算过程中也暴露出了一些缺点，[51]主要表现在以下几个方面：①传统优化算法通常都是从一个初始点出发，每次迭代过程中仅对一个点进行计算，这种算法架构很难发挥现代计算机高速计算的性能，尤其是高性能多处理器的计算机和现代并行计算模式往往很难应用到传统优化算法中，限制了算法求解大规模问题的能力和计算速度。②传统优化算法一般都要求目标函数是连续可微的，甚至有时要求是高阶可微的，但是在实际问题中这样的条件往往很难满足，限制了传统优化算法的应用范围。③传统优化算法在每一次迭代时都要求迭代向改进方向移动，即每一次都要求目标函数值有所降低，这样算法就不会具有“爬山”能力。若算法陷入某个局部的低谷，则无法继续搜索该区域之外的任何其他区域，因此，算法就失去了全局搜索能力。④每种传统优化算法只能求解一部分问题，即算法只能求解符合其适用条件的问题。要应用某种传统优化算法就必须简化甚至改变原有的问题，使之能满足该方法的使用条件。如果问题不满足任何已知的传统优化算法的适用条件，那么用传统优化算法就无法有效求解。[19,20]

考虑传统优化算法的不足，人们希望能够设计出新的有效的优化方法。特别是 20 世纪 90 年代以来，实际问题的结构越来越复杂，规模越来越大，不可微、非线性、不确定性、多目标已经成为这些问题的基本特征，而建立在解析基础上的传统优化算法往往对这些问题的求解无能为力。因此，人们逐渐意识到，必须探索新的优化方法来解决这些问题。同时随着计算机科学与技术的飞速发展，并渗透各个领域，从根本上改变了人们的工作和生活。如何充分发挥计算机技术的优势推动优化方法的发展，成为人们越来越关注的问题。

智能优化算法的发展得益于运筹学、生物学、物理学、计算数学、计算机科学、人工智能和控制论等学科，充分吸收了这些学科的思想、概念和方法。智能优化算法大都具备自组织性、正反馈性、鲁棒性、并行性和实现简单等特征，为在没有集中控制且不提供全局信息的条件下寻找复杂问题的求解方案提供了思路，为优化问题的求解开辟了新的手段。[52-54]应用智能优化算法求解优化问题时，其搜索过程通常具有以下一些特征：①个体都具有执行简单的空间或时间上评估和计算能力。②当环境（包括其他个体）发生变化时，个体能够对变化做出响应，特别是出现值得付出代价的改变机会时，个体必须能够改变其行为模式。③不同的个体对环境中的某一变化所表现出的响应行为应该具备多样性。[22,55,56]

和传统优化算法相比，智能优化算法具有其特有的优化特点：①非单点操作，采用群体搜索策略。智能优化算法大都采用由多个个体组成的群体对可行解空间进行搜索，搜索过程中能够实现对各个体所提供信息的共享。信息的传播可以避免对一些不必要区域的搜索，既能提高算法的搜索效率，又能在一定程度上避免陷入局部极值。②智能优化算法在求解优化问题时，目标函数和约束函数可以不必是解析的，更不必是连续和可微的。智能优化算法可有效求解那些目标函数没有明确表达式，或有表达式但不可精确估值的优化问题。此外，智能优化算法对计算中数据的不确定性有较强的适应能力。③智能优化算法是对自然现象和自然规律的模拟，这些现象和规律所蕴含的深刻的优化思想为算法的设计提供了坚实的科学基础。算法中，个体行为虽然简单但通过个体之间的相互作用，整个群体涌现出智能行为，而这种行为可用于求解优化问题。④智能优化算法不依赖于优化问题本身的数学性质和所求问题本身的结构特征以及其他辅助信息，算法可以用于求解不同类型的优化问题，具有广泛的适用性。[2,3]

大自然经过亿万年继承创造演化，完美展现了其高效和神奇。人们从自然系统中学到许多知识，并用这些知识发展新的算法和模型来求解复杂问题。正是模仿生物的智能行为并借鉴其智能机理，许多解决复杂问题的新方法不断涌现。通过对自然智能的建模，我们取得了许多成果从而创建出许多智能系统，随着人们对大自然的进一步观察和研究，又提出了很多有代表性的智能优化算法。每种智能算法都对应一种实际的启发源，例如，DNA[36]计算是基于诺贝尔生理学或医学奖获得者 Watson 和 Crick 提出的双螺旋结构和诺贝尔化学奖获得者 Mullis 提出的聚合酶链接反应；人工蜂群算法[57]是基于诺贝尔生理学或医学奖获得者 Frisch 破译的蜜蜂跳舞行为；而人工免疫算法[58]是基于诺贝尔生理学或医学奖获得者 K. Jerne 提出的免疫网络理论。智能优化算法奇妙的思路和广阔的应用领域吸引了大量研究人员不断创新。截至目前，还没有找到一种方法能够应用到所有的优化问题中，为了解决我们所面临的问题，必须研究新的优化算法。

1.2 群智能优化算法模式综述

群智能（Swarm Intelligence）优化算法研究是当前智能优化领域的一个研究热点，且已成为交叉学科中一个非常活跃的前沿性研究方向，其已经渗透到各个领域。作为一种新兴的智能优化技术，群智能研究形成于 20 世纪 90 年代。[29,30,59] 1999 年，Bonabeau、Dorigo 和 Theraulaz 在他们的著作 *Swarm Intelligence: From natural to artificial systems* 中对群智能进行了详细论述和分析，给出了群智能的一种不严格定义，即任何一种由昆虫群体或其他动物社会行为机制而激发设计出的算法，或分布式解决问题的策略均属于群智能。在随后的研究中，Bonabeau 又将群智能详细阐述为无智能或简单智能的主体通过任何形式的聚集协同而表现出智能行为的特性。它是一组简单的智能体集体智能的涌现，这里关心的不是个体之间的竞争，而是它们之间的协作。生物群体中的个体之间遵循聚集、分工、避碰、趋同等协作模式，从而涌现出群体智能。[19]

J. Kennedy 和 Russell C. Eberhart 在 2001 年出版的专著 *Swarm Intelligence*，可以认为是群智能发展的一个重要里程碑，书中通过观察鸟群的协同运动，开创了微粒群算法这一群智能方法研究的新领域。*Swarm Intelligence* 的基本观点是，人的智能源于社会交往，文化和认知是人类社交的结果，这一观点成为群智能发展的基石。群智能的思路在没有集中控制，且不提供全局模型的前提下，为寻找复杂的分布式问题求解方案提供了基础。群智能研究在系统复杂性和 *NP* 问题等方面为人工智能、认知科学等领域的基础理论问题开辟了新的研究途径，也为组合优化、知识发现等实际复杂工程问题提供了新的解决方法。对群智能的探索极大地丰富了智能算法领域的研究。[60]

1994 年，Mark Millonas 提出了构建一个群体智能系统所应满足的五条基本原则[61]：

（1）接近性原则（proximity principle）：群内个体具有执行简单的时间或空间上的评估和计算的能力。

（2）优质性原则（quality principle）：群内个体能对环境包括群内其他个体的关键性因素的变化做出响应。

（3）多样性反应原则（principle of diverse response）：群内不同个体对环境中的某一变化所表现出的响应行为具有多样性。

（4）稳定性原则（stability principle）：群体的行为模式不会随环境的变化而导致整个的改变。

（5）适应性原则（adaptability principle）：环境所发生的变化中，若出现群体值得付出代价的改变机遇，群体必须能够改变其行为模式。

群智能方法自提出以来，已广泛应用于人工智能、通信网络和工业生产等领域。已有大量的群智能方法应用相关的文章发表于国内外各类学术刊物上，大量的文献已经证明群智能方法能够解决不同领域的许多问题。群智能方法可用于解决许多传统方法无法解决的 NP 问题，为许多前瞻性研究提供了新的思路。[62]

群智能方法易于实现，算法中仅涉及各种基本的数学操作，其数据处理过程对 CPU 和内存的要求也不高，而且这种方法只需要目标函数的输出值，而无须其梯度信息。已完成的群智能理论和应用方法研究证明，群智能方法是一种能够有效解决大多数全局优化问题的新方法，更为重要的是，群智能潜在的并行性和分布式梯度为处理大量的以数据库形式存在的数据提供了技术保证。无论从理论研究还是应用研究的角度分析，群智能理论及其应用研究都具有重要学术意义和现实价值。

下面依次对以下典型的群智能优化算法进行介绍：粒子群算法[26,27,63]、蚁群算法[28-30,60,64]、量子算法[65,66]、蝙蝠算法[46,47,67]、蜂群算法[57,68]、细菌觅食算法[69]、萤火虫算法[70]、布谷鸟算法[41,48]、人工鱼群算法[71-73]以及混合蛙跳算法[74-76]等。这些算法一方面优化原理各不相同，另一方面具有许多相同的特征，对不同智能优化算法的理解对另一种算法的研究有着重要的启发作用。

1.2.1 粒子群优化算法

微粒群优化算法，或称为粒子群算法，是一种模拟鸟群社会行为规律而提出的群体智能优化方法。微粒群算法最早在 1995 年由 Eberhart 和 Kennedy 共同提出，[26,37,63]最初意图主要是模拟鸟群的优雅且不可预测的行为，以发现统御鸟群同步飞行的模式，以及在最优形式重组时突然改变方向的模式。Eberhart 和 Kennedy 在 1995 年的 IEEE International Conference on Neural Networks 和 6th International Symposium on Micromachine and Human Science 上分别发表了论文 *Particle Swarm Optimization* 和 *A New Optimizer Using Particle swarm Theory*，标志着微粒群算法的诞生。这个算法简单有效，易于实现，适合科学研究和工程应用，受到越来越多研究者的重视。

在粒子群算法中，个体，也叫作粒子，在超维空间中飞行。在搜索空间内粒子位置的改变是基于个体模仿其他粒子的成功的社会心理倾向，群内粒子的改变因此受其邻居的经验或知识影响，一个粒子的搜索行为也因此受群中其他粒子的影响。对此社会行为的建模就是搜索过程中粒子随机地返回之前搜索过程中发现的搜索空间中的成功区域。粒子群中的个体有一个基本的行为，即仿效邻域个体的成功和他们自己的成功。这个基本行为显现出来的集体行为就是在一个高维搜索空间中发现最优区域。一个 PSO 算法维护一群粒子，其中每个粒子表示一个潜在的解。粒子在一个多维搜索空间中飞行，而每个粒子的位置根据它自身的经验及其邻居的经验来调整。驱动优化过程的是速度向量，速度向量反映了粒子的经验知识和粒子的邻域的社会交换信息。粒子的经验知识通常叫作认知部分，它与粒子离它从开始找到过的最佳位置的距离成正比。社会交换信息叫作速度方程的社会部分。[77]

生物群体内个体之间的相互作用产生的群体智能，往往能够给某些问题的求解提供有效的方法。鸟群在寻找食物的过程中，个体之间存在信息交流和共享，每个成员可以从其他成员的搜索经验中获益，并调整自身的搜索行为。当不可预测食物源分布状态时，这种个体之间的协作所产生的优势是巨大的。基于信息交流和共享的个体间的协作正是微粒群算法进行优化搜索的基础。在微粒群算法中，将优化问题的搜索空间类比作鸟类的飞行空间，并将每只鸟抽象为一个没有质量的微粒，微粒的位置表示问题的候选解，所需要找到的最优解相当于要搜索的食物。微粒群算法还为每个微粒设置了类似于鸟类运动行为的简化规则，从而能够使整个微粒群的运动表现出和鸟类觅食类似的特征，进而可以用于解决优化问题。

基本微粒群算法的具体实现步骤如下：

步骤 1：随机初始化群体中各微粒的位置和速度。

步骤 2：评价群体中所有微粒的适应度值。

步骤 3：对每个微粒，将其当前适应值和其个体历史最优位置所对应的适应值进行比较。如果当前的适应值更优，那么利用当前位置更新其历史最优位置。

步骤 4：对每个微粒，将其历史最优适应值和群体内或其邻域内所经过的最好位置的适应值进行比较；若更好，则将其作为当前群体内或其邻域内的最优位置。

步骤 5：更新每个微粒的速度和位置。

步骤 6：若没有达到终止条件，则转步骤 2。

目前，微粒群算法已经被广泛用于函数优化、神经网络训练、组合优化、模糊系统控制等领域。[78-83] 算法比较有潜力的应用领域包括多目标优化、系统设计、模式识别、车间作业调度、机器人路径规划、时频分析和图像处理等。[84-88]

1.2.2 蚁群优化算法

早在1亿年前蚂蚁就出现在地球上了，蚂蚁群体所呈现的复杂行为给人类带来启发，因此很多研究涌现出来以更好地理解这些行为，受这些研究与观察的启示，Marco Dorigo 首次提出蚂蚁觅食行为的算法模型。[28-30,59,64] 从那时起，蚂蚁算法的研究取得了长足发展，涌现出一批相关算法和应用。众多蚁群的觅食行为研究表明初始的觅食行为是一个随机的混沌模式，当发现食物后，行为路径逐渐变得有组织，越来越多的蚂蚁经过相同的路径。当一只蚂蚁发现食物后，它将食物拖回巢穴并沿路留下信息素，觅食的蚂蚁通过不同路径上信息素的浓度来选择路径。当越来越多的蚂蚁选择同一特定路径时，该路径就因聚集越来越多的信息素而更加具有吸引力，从而吸引更多的蚂蚁走这条路。这种自动催化导致的协作行为形成了一种正反馈机制，使得最优觅食路径被越来越多的蚂蚁选择。[89]

Dorigo 于 1992 年在其博士论文中提出，1996 年，Dorigo 等在 *IEEE Transactions on Systems*，*Man*，*and Cybernetics-Part B* 发表 *Ant system*：*optimization by a colony of cooperating agents* 一文，奠定了蚁群优化算法的基础。蚁群优化算法通过其内在的搜索机制，已经成功应用于许多组合优化问题的求解中。因为算法仿真中使用的是人工蚂蚁的概念，因此有时也被称为人工蚂蚁系统。

基本蚁群优化算法的实现步骤可简单描述为：

步骤1：蚂蚁群体初始化，设置参数。

步骤2：对蚁群进行评价。

步骤3：利用状态转移规则生成新的蚁群。

步骤4：修改信息素浓度根据信息素更新方程。

步骤5：如果不满足算法停止条件，转步骤2；否则，转步骤6。

步骤6：输出当前的最优解。

蚁群算法在经典的旅行商问题和二次分配问题上取得成效以后，逐步在其他优化问题中取得成功，例如，车辆调度问题、图着色问题、工件排序问题、超大规模集成电路设计和通信网络中的负载平衡问题等。这种来

自自然界的现代启发式优化算法已经在很多方面表现出很好的优化性能，其求解问题的领域在不断扩大。[3,90-94]

1.2.3 量子算法

量子优化是由量子计算和量子信息论发展而来，20 世纪 80 年代初，Benioff 和 Feynman 提出了量子计算的概念，随后 Shor 于 1994 年提出基于量子 Fourier 变换的大数质因子分解算法，大数质因子求解问题是公认的 NP（Non-deterministic-Polynomial）问题，Shor 算法将大数质因子求解转换为 P（Polynomial）问题。Grover 于 1996 年提出无序数据库的量子搜索算法，该算法则提供了经典算法的根方加速，从此量子计算以其独特的计算性能引起了广泛关注，并迅速成为研究热点。[65,66,95]世界首台通用编程量子计算机近日于美国面世，[96]在进一步改进后可应用于密码破译等方面。将量子计算技术应用于优化理论中，称为量子优化算法，可以解决许多经典方法难以解决或无法解决的问题。

量子算法是一种新发展起来的概率进化算法。它基于量子计算原理，利用量子计算的一些概念和理论，如量子位、量子叠加态等。量子比特是量子计算中保存信息的最小单元，一个量子比特可能处于 $|0\rangle$，也可能处于 $|1\rangle$，还可以是两种状态的线性叠加。[95,97]因此，一个量子位可表示为

$$|\varphi\rangle=\alpha|0\rangle+\beta|1\rangle \tag{1-1}$$

式中，复数 α 和 β 代表相应状态出现的概率，$|\alpha|^2$表示量子位处于 $|0\rangle$ 概率，$|\beta|^2$表示量子位处于 $|1\rangle$ 的概率，满足

$$|\alpha|^2+|\beta|^2=1 \tag{1-2}$$

一个具有 m 个量子比特位的系统同时表示 $2m$ 种状态，可以描述为

$$\begin{bmatrix}\alpha_1 & \alpha_2 & \cdots & \alpha_m \\ \beta_1 & \beta_2 & \cdots & \beta_m\end{bmatrix} \tag{1-3}$$

式中，$|\alpha_i|^2+|\beta_i|^2=1$，$i=1, 2, \cdots, m$，这种表示方法可以表征任意的线性叠加态。

1.2.4 蝙蝠算法

蝙蝠算法（BA）是由剑桥学者 Xin-She Yang[67]于 2010 年提出的一种具有极大发展潜力的启发式算法，它集遗传算法、粒子群算法以及和声搜索算法的优点于一身，具有更加强大的搜索寻优能力。蝙蝠算法具有应用范围广、模型简单、约束条件少、相互协助、收敛速度快等优点，在求解置换流水车间调度问题、0-1 背包问题以及组合优化问题等工业工程与系统工程研究领域取得不错的效果。[98-103]蝙蝠算法提出的时间相对较晚，目前国内外学者对其进行的研究仍主要停留在算法性能测试、算法的改进及算法的应用等方面。

基本蝙蝠算法的运算流程可简单描述为：

目标函数 $f(x)$，$x=(x_1,\ x_2,\ \cdots,\ x_d)^T$

初始化蝙蝠种群的位置 $x_i(i=1,\ 2,\ \cdots,\ n)$ 和速度 v_i

定义蝙蝠在位置 x_i 处发射的脉冲频率为 f_i

初始化脉冲发射率 r_i 与响度 A_i

while（t<最大进化代数）

调整频率生成新的解

更新速度和位置

If(rand>r_i)

从最优解中选择一个解

在所选的最优解附近生成一个局部解

end if

随机生成一个新解

if[$rand>A_i \& f(x_i) < f(x^*)$]

接受新得到的解

提高 r_i，减小 A_i

end if

对蝙蝠进行排列比较，找出当前最优解 x^*

end while

输出全局最优解

1.2.5 人工蜂群算法

蚂蚁并不是唯一让人类领悟到群体智慧的昆虫。康奈尔大学的生物学家托马斯·西利（Thomas Seeley）长期以来一直在观察蜜蜂奇特的决策能力——一个蜂房里的工蜂多达50000之多，蜜蜂是如何统一分歧，为蜂群谋得最大利益的？西利发现蜜蜂作出决策依据的法则是“集思广益”“各抒己见”，用一种有效的机制使选择最优化，这让西利大为惊讶。他把从蜜蜂身上学到的决策方法运用到一些会议上，让与会者考虑所有的可能性，提出各自的想法或意见，然后通过投票决定。

蜜蜂是一种社会化的昆虫群体，蜜蜂个体可以担任不同的角色，能够完成生育后代、照顾后代、觅食和御敌等工作，并且能够自发的在这些角色之间进行转换。人们利用蜜蜂完成不同工作的原理，提出了不同的模型，并将其应用到找寻最优目标函数值、组合优化问题、水资源利用等方面。[104,105]

通过蜂群的采蜜过程，发现蜜蜂可以通过气味、摇摆舞等多种信息交流方式，使整个蜂群协调完成收获花粉的工作。这种方式使蜂群成为具有自组织性、自我适应性及鲁棒性强的群体。Seeley最先提出了蜂群的自组织模拟模型。受蜂群采蜜过程启发提出的蜂群优化算法正是建立在蜜蜂自组织模型和群体智能基础上的一种非数值优化计算方法。D. Karaboga在2005年成功地将该优化算法应用到函数的数值优化问题上，并提出了比较系统的人工蜂群优化算法[68,106]（Artifical Bee Colony Algorithm，ABC）。人工蜂群优化算法，算法简单，鲁棒性强，在非限制性数值优化函数上有着比常见的启发式算法更加优越的性能。2006年，D. Karaboga和B. Basturk[107]又进一步将ABC理论应用到限制性数值优化问题的解决，并取得了比较好的测试效果。来源于蜂群采蜜行为的优化算法结合某些邻域搜索算法也被应用于如车间作业调度问题、函数优化问题等。[108-110]

蜂群算法在具体应用中有各种变形，但是算法的框架基本类似，主要步骤可以描述为：

步骤1：随机产生一组解作为初始解组。

步骤2：求当前解所对应的目标值。

步骤3：形成新的解（当停止条件不满足时）。

步骤4：指派蜜蜂去那些选定的花朵处（最好的 e 个点处指派更多的蜜蜂）并计算相应的目标值。

步骤5：从每个花朵处选择最合适的蜜蜂。

步骤6：指派剩下的蜜蜂进行随机搜索并计算它们对应的目标值。

步骤7：当不满足停止条件时，重复开始步骤3至步骤7。

人工蜂群优化算法中需要设置一定的参数。如侦查蜂的数量（n），n 个可采蜜点中挑选出的点的数量（m），挑选出的 m 个点中最优点的数量（e），指派去最优的 e 个点的蜜蜂数量（nep），起始的花朵数量（ngh）。算法开始时将 n 个侦查蜂随机地放置在搜索区域中。

1.2.6 细菌觅食优化算法

细菌觅食算法（Bacterial Foraging Optimization，BFO）于2000年由Passino提出来的一种随机仿生算法[69]，其生物机理是模拟细菌在觅食过程中所体现出来的智能行为，此算法具有群体智能性和并行搜索等特点。目前细菌觅食算法已被应用于噪声干扰下的谐波估计问题和PID（proportional integral derivative）控制器的设计、自适应控制、车间调度等领域[111-115]。

细菌觅食算法模拟的是大肠杆菌觅食行为，[53,69,116]大肠杆菌直径为1μm，长为2μm，并在外界控制下，在20分钟内即可进行自我繁殖。每个大肠杆菌在其自身的“生物发动机”——鞭毛的运动下，每秒可实现100~200圈的转动，按10~20μm每秒的速度移动。大肠杆菌觅食行为过程中的觅食区域主要分为三类：

（1）当大肠杆菌处在中性介质中时，选择性地进行转动和游动。

（2）当大肠杆菌处在食物源丰富区域时，大肠杆菌会在该区域停留一段时间，待食物消耗殆尽的时候，继续向着其认为食物源丰富的区域游动，游动时间更长。

（3）当大肠杆菌处在食物缺乏的区域时，其会根据以往的搜索经验，避免向不利区域进行游动。

按照这种方式，大肠杆菌找到最丰富的食物源，避免营养匮乏。在觅食过程中，大肠杆菌用蛋白质接收器对食物进行感知，其感知能力非常灵敏，能随着环境的微妙变化迅速改变自身的搜索行为，这是生物界存在的最普遍感知和决策系统。总体来说，细菌在外界和自身条件的约束下，朝着最有利方向移动，使得单位时间内所获得的能量最大化。

使用细菌觅食算法求解问题的实现步骤可简单描述为：

步骤 1：对问题进行编码。

步骤 2：设计评价函数 Z。

步骤 3：群体初始化，确定初始细菌群体 S 的规模及初始位置 P。

步骤 4：分三层循环。

内层循环，趋化性操作。

中层循环，复制操作。

外层循环，迁徙操作。

步骤 5：输出当前最优解。

1.2.7 萤火虫优化算法

剑桥大学学者 Yang 于 2008 年提出一种新的群智能优化算法——萤火虫算法（Firefly Algorithm，FA），[49,50,70,117,118]该算法思想来源于自然界中萤火虫通过独特的发光行为吸引周围伴侣或猎物，这种特有的光信息传递方式导致大批萤火虫聚集在一起。萤火虫算法的两个核心思想是萤火虫的吸引力及其位移。在解空间中萤火虫亮度的大小表示其解品质的好坏，目标函数值越好则其越亮，每只萤火虫的进化遵循三个相继环节——亮度比较、萤火虫移动和亮度更新。[49,50]目前该算法已被应用于置换流水线问题和 PID 控制器的设计、连续空间优化、定位、车间调度等领域。[119-124]

将萤火虫的发光模式与目标函数联系起来，进而形成一种新的智能计算模式，萤火虫算法主要遵循如下规则：

（1）所有的萤火虫不分雌雄，一个萤火虫可以被其他萤火虫吸引而不管他们的性别。

（2）吸引力与其亮度成正比，对任何两个萤火虫，亮度弱的那个会飞向亮度强的那个。吸引力与亮度随着距离的增加而减弱，如果一个个体没有找到亮度更强的萤火虫，它将随机移动。

（3）萤火虫的亮度由目标函数决定。例如，对于最大化问题，亮度可以定义与目标函数值成正比，也可以用更为复杂的方法定义。

萤火虫算法的主要步骤可描述如下：

步骤 1：定义目标函数，初始化群体，随机产生 n 个萤火虫的初始位置（$i=1$，2，…，n），设置算法参数。

步骤 2：计算每个萤火虫的目标函数值，作为萤火虫的亮度。

步骤 3：计算萤火虫的吸引力。

步骤 4：比较萤火虫 i 和萤火虫 j 的亮度，若萤火虫 i 的亮度小于萤火虫 j 的亮度，根据公式移动萤火虫 i；若种群中无萤火虫亮度大于萤火虫 i，则萤火虫 i 按概率随机移动。

步骤 5：萤火虫亮度更新。

步骤 6：若如未满足结束条件，则返回步骤 3。

步骤 7：输出全局最优位置。

1.2.8 布谷鸟优化算法

2009 年，剑桥大学的 YANG 和拉曼工程大学的 DEB 模拟布谷鸟的寻窝产卵行为，提出一种新的群智能优化算法——布谷鸟搜索算法（Cuckoo Search）。[28]这种算法主要基于布谷鸟的巢寄生繁殖机理和莱维飞行（Lévy flights）搜索原理两个方面。根据昆虫学家的长期观察研究发现，一部分布谷鸟以寄生的方式养育幼鸟，巢寄生[125,126]（brood parasitism）是某些鸟类将卵产在其他鸟的巢中，由其他鸟（义亲）代为孵化和育雏的一种特殊的繁殖行为。布谷鸟性情孤独，平时多单独活动。在生儿育女时，它也不筑巢、不孵卵、不育雏。布谷鸟在繁殖期寻找与孵化期和育雏期相似，雏鸟食性基本相同，卵形与颜色易仿的宿主，多为雀形目鸟类。在寄生时间上，布谷鸟多在宿主开始孵卵之前，乘宿主离巢外出时快速寄生产卵，把产的蛋放在黄莺、云雀等的巢窝里，让这些鸟替自己精心孵化。而且，它每飞到一个巢窝里，只生产一个。寄生者的卵在颜色、大小等方面没有显著差异，同时宿主对卵分辨不清也是一个方面。布谷鸟常在产卵前把宿主一枚卵移走，或全部推出巢外，迫使宿主重新产卵。一旦寄生的雏鸟孵出，它有将义亲的雏鸟推出巢外的习性，从而独享义亲抚育。目前布谷鸟算法广泛应用于置换流水线问题问题和 PID 控制器的设计、连续空间优化、WSN 节点定位、车间调度等领域。[127-131]

莱维飞行属于随机行走（random walk）的一种，行走的步长满足一个重尾（heavy-tailed）的稳定分布，在这种形式的行走中，短距离的探索与偶尔较长距离的行走相间。在智能优化算法中采用莱维飞行，[132]能扩大搜索范围、增加种群多样性，更容易跳出局部最优点。

布谷鸟搜索算法的主要步骤可描述如下：

步骤 1：初始化群体，随机产生 n 个鸟窝的初始位置（$i=1$，2，…，n），设置算法参数。

步骤 2：计算每个鸟窝的目标函数值，并记录当前的最好解。

步骤 3：保留上代最优鸟窝位置，并按位置更新公式对其他鸟窝位置进行更新。

步骤 4：对现有鸟窝与上一代鸟窝位置进行对比，若较好，则将其作为当前的最好位置。

步骤 5：用一个随机数 R 作为鸟窝主人发现外来鸟蛋的可能性与 Pa 进行比较，若 $R>Pa$，则随机改变鸟窝位置，得到一组新的鸟窝位置。

步骤 6：若如未满足结束条件，返回步骤 2。

步骤 7：输出全局最优位置。

1.2.9 人工鱼群算法

2002 年，李晓磊等人提出了一种新型的自适应寻优算法——人工鱼群算法（Artificial fish-swarm Algorithm，AFSA）。[71]人工鱼群算法是一种基于模拟鱼群行为的随机搜索优化算法，主要利用了鱼的觅食、聚群和追尾行为，从构造单条鱼的底层行为做起，通过鱼群中各个体的局部寻优达到全局最优值在群体中的突现。目前，人工鱼群算法在收敛性分析和优化问题求解上都有不错的表现。[133,134]它具有对初值要求低、参数选择不敏感、鲁棒性强以及全局收敛性好等诸多优点，但是当算法寻优的域较大或处于变化平坦的区域时，收敛于全局的最优解速度减慢、搜索性能劣化，而且算法一般在优化初期具有较快的收敛性，后期却往往收敛较慢，同时鱼群算法在计算复杂度上也有一定的缺陷。虽然通过对参数的改进可以提高鱼群算法的效率，但是从计算复杂度、收敛效果及速率等因素来考虑，仅从算法自身改进，难以达到更高的要求。文献[135]将鱼群算法与粒子群算法相结合，以此提高收敛速度；文献[136]将鱼群算法与遗传算法相结合，实现人工鱼个体的跳变，从而调整优化群体；文献[137]将鱼群算法与禁忌搜索算法相结合，通过构造两个禁忌寻优算子对解空间进行无重复的搜索，以此来跳出局部最优点。由此可见，在鱼群算法中引入其他算法，综合二者的优点能有效提高算法性能，这成为当前鱼群算法改进的一个主流趋势。[138-141]

人工鱼群算法的主要原理是通过模仿鱼群的觅食、聚群和追尾等行为，以及鱼群之间的相互协助实现全局寻优的目的，其描述如下：

假设在一个 n 维目标搜索空间中，有 m 条组成一个群体的人工鱼，第 i（$i=1, 2, \cdots, m$）条人工鱼的状态可表示为向量 $X_i=(x_{i1}, x_{i2}, x_{i3}, \cdots, x_{in})$，其中，$x_{ij}$（$j=1, 2, \cdots, n$）为欲寻优的变量；人工鱼当前所在位置的食物浓度值表示为目标函数值 $Y_i=f(X_i)$；人工鱼个体之间的距离表示为 $d_{ij}=\| X_i-X_j \|$，其感知距离表示为 Visual；Step 表示人工鱼移动的步长；δ 为拥挤度因子；try_ number 表示人工鱼觅食最大的试探次数。

在人工鱼群算法中，寻优问题的解决与以下几种行为密切相关：

（1）觅食行为：设人工鱼当前的状态为 X_i，在其感知范围内随机选择一个状态 X_j，在求极大值问题时，若 $Y_i<Y_j$，则向该方向前进一步，即 $X_{i/next}$；反之，再重新随机选择状态 X_j，判断是否满足前进条件；这样反复尝试 try_ number 次后，若仍不满足前进条件，则随机移动一步。其数学表达式为

$$X_{i/next}=\begin{cases}X_i+Rand\cdot step\cdot\dfrac{X_j-X_i}{\|X_j-X_i\|} & Y_i<Y_j\\ X_i+Rand\cdot step & Y_i>Y_j\end{cases} \tag{1-4}$$

式中，$Rand$ 为一个（0，1）的随机数。

（2）聚群行为：设人工鱼群探索当前邻域内（$d_{ij}<Visual$）的伙伴数目 n_f 及中心位置状态 X_c，如果 $Y_c/n_f<\delta Y_i$，表明伙伴中心有较多的食物且其周围不太拥挤，则朝伙伴中心位置方向前进一步；否则执行觅食行为。其数学表达式为

$$X_{i/next}=\begin{cases}X_i+Rand\cdot step\cdot\dfrac{X_c-X_i}{\|X_c-X_i\|} & Y_c/n_f<\delta Y_j\\ \text{觅食行为} & Y_c/n_f\geqslant\delta Y_i\end{cases} \tag{1-5}$$

（3）追尾行为：设邻域内（$d_{ij}<Visual$）探索到的食物浓度最大状态为 $X_{\max}$，如果 $Y_{\max}/n_f<\delta Y$，表明 $X_{\max}$状态具有较高的食物浓度且其周围不太拥挤，则朝 $X_{\max}$的方向前进一步；否则执行觅食行为。其数学表达式为

$$X_{i/next}=\begin{cases}X_i+Rand\cdot step\cdot\dfrac{X_{\max}-X_i}{\|X_{\max}-X_i\|} & Y_{\max}/n_f<\delta Y_j\\ \text{觅食行为} & Y_{\max}/n_f\geqslant\delta Y_i\end{cases} \tag{1-6}$$

（4）随机行为：设人工鱼当前的状态为 X_i，随机选择另外一个状态 X_j 向其移动。

（5）约束行为：在寻优过程中，由于聚群行为和随机行为等操作的作用，容易使得人工鱼的状态变得不可行。这时需要加入相应的约束来对其进行规范化，使它们由无效状态或不可行状态变成可行的。

（6）公告板：用来记录最优人工鱼群个体的状态。各人工鱼个体在寻优过程中，每次行动完毕与公告板上的状态进行比较。如果自身状态优于公告板状态，就将公告板的状态改写为自身状态。

根据所要解决问题的性质，对人工鱼当前所处的环境进行评价，从而选择一种行为。较常用的评价方法是选择各行为中使向最优方向前进最大的行为，也就是各行为中使人工鱼的下一个状态最优的行为。如果没有使

下一状态优于当前状态的行为，则采取随机行为。

人工鱼群算法基本步骤如下：

步骤1：设置人工鱼群的群体规模 N，每次移动最大的试探次数 Try_Number，迭代次数 Number，人工鱼的感知距离 Visual，拥挤度因子 δ。

步骤2：初始化迭代次数，在可行域范围内随机生成 N 个人工鱼个体，形成初始鱼群，即产生 N 组 $\{Z_{ik}\}$（其中，$i=1, 2, \cdots, N$；$k=1, 2, \cdots, n$）。

步骤3：计算初始鱼群中各人工鱼当前的函数值，并进行比较，最优值进入公告板。

步骤4：各人工鱼分别模拟群聚行为和追尾行为，缺省行为为觅食行为。

步骤5：各人工鱼执行一次行动后，比较两种行为的结果，选择实现较优的行为。

步骤6：将较优的函数值与公告板上的最优值进行比较，若优于公告板，则更新公告板。

步骤7：若迭代次数小于预置的最大迭代次数，则转步骤4；否则，终止迭代，输出计算结果。

鱼群算法正是采用这种自下而上的设计方法，即首先构造人工鱼的个体模型，其次个体会在寻优的过程中自适应地选择合适的行为，最后全局最优结果通过群体或某个个体表现出来。该算法具有良好的克服局部极值、取得全局极值的能力，并且算法的实现无须目标函数的梯度值等特性，故其对搜索空间具有一定的自适应能力，本质上属于群智能算法范畴。

1.2.10 混合蛙跳算法

混合蛙跳算法（Shuffled Frog Leaping Algorithm，SFLA）是由 Eusuff 和 Lansey2003 年提出的一种基于群体智能的启发式计算技术，具有概念简单，参数少，计算速度快，全局寻优能力强，易于实现的特点，在模式识别、函数优化、路径规划中广泛应用。[142-149] 混合蛙跳算法由于提出的时间不长，无论在理论研究还是实践应用方面都处于起步阶段。其在算法迭代后期容易陷入局部极值点，出现早熟收敛现象，同时收敛速度变慢，寻优时间变长，无法搜索到精度更高的最优点等缺陷使得目前对混合蛙跳算法的研究主要集中在算法改进和算法应用方面。

混合蛙跳算法的实现基本步骤可以描述为：

步骤 1：各参数初始化。

步骤 2：随机产生初始蛙群，共 F 个青蛙，表示为 $X(1)$，$X(2)$，…，$X(F)$。其中，第 i 个青蛙用向量 $X(i)=(X_1, X_2, \cdots, X_s)$ 表示，S 表示每只青蛙所携带的元信息中信息元素的个数。计算各个蛙的适应度值 $f(i)$。

步骤 3：将 F 个青蛙按适应值大小进行降序排列，排序后第一只蛙的适应度值最高，记录下整个种群中最优蛙的位置 P_x，$P_x=X(1)$。将蛙群数组 X 分成 m 个族群，记为 Y^1，Y^2，…，Y^m。每个族群中包含 n 个蛙，即

$$Y^k=X(j)^k,\ f(j)^k=X[k+m^*\ (j-1)],\ f(j)^k=f[k+m^*\ (j-1)] \tag{1-7}$$

式中，$j=1, 2, \cdots, n$，$k=1, 2, \cdots, m$。

第一只蛙进入第一个族群，第二只蛙进入第二个族群，第 m 只蛙进入第 m 个族群，第 $m+1$ 只蛙进入第 $m+1$ 个族群，直至所有蛙进入指定位置。

步骤 4：在每个族群中进行元进化。

步骤 5：将各个族群混合。在每个族群都进行过一轮元进化之后，将各个族群中的蛙重新混合并排序，再将蛙群分成族群，记录此时的全局最优位置 P_x。

步骤 6：如果满足算法将终止条件，停止算法执行过程，否则转到步骤 3。

参考文献

[1] 李董辉，童小娇，万中．数值最优化算法与理论［M］．北京：科学出版社，2010.

[2] 徐宗本，张讲社，郑亚林．计算智能中的仿生学：理论与算法［M］．北京：科学出版社，2003.

[3] 马良，朱刚，宁爱兵．蚁群优化算法［M］．北京：科学出版社，2008.

[4] 汪定伟，王俊伟，王洪峰，等．智能优化方法［M］．北京：高等教育出版社，2007.

[5] 段海滨，张祥银，徐春芳．仿生智能计算［M］．北京：科学出版社，2011.

[6] SYSLO M. M., DEO N., KOWALIK J. S. Discrete Optimization Algorithms [M]. Englewood Cliffs, New Jersey: Prentice-Hall, Inc., 1983: 1-25.

[7] HOCHBAUM DORIT. Approximation Algorithms for NP-hard Problems [M]. Boston, MA: PWS Publishing Company, 1997: 1-10.

[8] BRUALDI R. A. Introductory Combinatorics [M]. New Jersey: Prentice-Hall, Inc., 1999: 1-102.

[9] LIN F. T. Applying the Genetic Approach to Simulated Annealing in Solving Some NP-Hard Problems [J]. IEEE Trans. on SMC, 1993, 23 (6): 1752-1767.

[10] BENTLEY J. J. Fast algorithms for geometric travelling salesman problems [J]. ORSA J. on Computing, 1992, 4 (4): 387-441.

[11] BARAGLIA R., HIDALGO J. I, PEREGO R. A hybrid heuristic for the traveling salesman problem [J]. IEEE Trans on Evolutionary Computation, 2001, 5 (6): 613-622.

[12] KOSKOSIDIS Y. A., POWELL W. B., SOLOMON M. M. An Opti-

mization-based heuristic for vehicle routing and scheduling with soft time window constraints [J]. Transportation Science, 1992, 26 (2): 69-85.

[13] BALAKRISHNAN N. Simple heuristics for the vehicle routing problem with soft time windows [J]. Journal of the Operational Research Society, 1993, 44 (3): 279-287.

[14] MA LIANG, YAO JIAN, CUI XUELI. Ant search algorithm for multi-objective 0-1 knapsack problem//Proc. Of 2002 Int. Conf. on Management Science & Engineering (Vol. II) . Harbin Institute of Technology Press, 2002: 2598-2601.

[15] ERNST ALTHAUS, STEFAN FUNKE, SARIEL HAR-PELED, JOCHEN K NEMANN, EDGAR A. Ramos, Martin Skutella. Approximating k-hop minimum-spanning trees [J]. Operations Research Letters, 2005, 33 (2): 115-120.

[16] SVEN PEYER, MARTIN ZACHARIASEN, David GROVE J. RGENSEN. Delay-related secondary objectives for rectilinear Steiner minimum trees [J]. Discrete Applied Mathematics, 2004, 136 (2-3): 271-298.

[17] TJARK VREDEVELD, JAN KAREL LENSTRA. On local search for the generalized graph coloring problem [J]. Operations Research Letters, 2003, 31 (1): 28-34.

[18] NURMI K. Travelling salesman problem tools for microcomputers [J]. Computers and Opns. Res. , 1991, 18 (8): 741-749.

[19] 吴启迪，等．自然计算导论 [M]. 上海：上海科学技术出版社，2011.

[20] 王小平，曹立明．遗传算法——理论、应用与软件实现 [M]. 西安：西安交通大学出版社，2002.

[21] HOLLAND J. H. Hidden order: How adaptation builds complexity [M]. Massachusetts: Addison-Wesley, 1995.

[22] HOLLAND J. H. Adaptation in natural and artificial systems [M]. Massachusetts: The MIT Press, 1992.

[23] GOLDBERG D. E. , HOLLAND J. H. Genetic algorithms and machine

learning [J]. Machine learning, 1988, 3 (2): 95-99.

[24] 胡德文, 等. 神经网络自适应控制 [M]. 长沙: 国防科技大学出版社, 2006.

[25] HAYKIN S. Neural networks: a comprehensive foundation [M]. Prentice Hall PTR, 1994.

[26] EBERHART R., KENNEDY J. A new optimizer using particle swarm theory [C]. Proceedings of the 6th International Symposium on Micro-Machine and Human Seience, 1995.

[27] KENNEDY J., EBERHART R. Particle Swarm Optimization [C]. Proceedings of IEEE International Conference on Neural Networks, 1995.

[28] DORIGO M., BONABEOU E., THERAULAZ G. Inspiration for optimization from social insect behavior [J]. Nature, 2000, 406 (6): 39-42.

[29] DORIGO M., GAMBARDELLA L. M. Ant colony system: A cooperative learning approach to the traveling salesman problem [J]. IEEE Trans. On Evolutionary Computation, 1997, 1 (1): 53-66.

[30] DORIGO M., MANIEZZO V., COLORNI A. The Ant System: Optimization by a Colony of Cooperating Agents [J]. IEEE Transactions on Systems, Man, and Cybernetics-Part B, 1996, 26 (1): 29-41.

[31] 王宇平, 李英华. 求解 TSP 的量子遗传算法 [J]. 计算机学报, 2007, 30 (5): 748-755.

[32] HEY T. Quantum computing: an introduction [J]. Computing & Control Engineering Journal, 1999, 10 (3): 105-112.

[33] SHOR P. W. Algorithms for quantum computation: discrete logarithms and factoring [J]. Proceedings of the 35th Annual Symp. On Foundations of Computer Science, 1994 (11): 124-134.

[34] GRANVILLE V., KRIVÁNEK M, RASSON J. Simulated annealing: A proof of convergence [J]. Pattern Analysis and Machine Intelligence, IEEE Transactions on, 1994, 16 (6): 652-656.

[35] KIRKPATRICK S., GELATT C. D, VECCHI M. P. Optimization by

simulated annealing [J]. Science, 1983, 220: 671-680.

[36] ADLEMAN L. M. Molecular computation of solutions to combinatorial problems [J]. SCIENCE, 1994, 266 (5187): 1021-1024.

[37] 丁永生，等 . DNA 计算与软计算 [M]. 北京：科学出版社，2002.

[38] 刘勇，马良 . 非线性 0-1 规划的元胞蚁群算法 [J]. 系统管理学报，2010，19 (3): 351-355.

[39] 熊小华，宁爱兵，马良 . 多目标 0-1 背包问题的元胞竞争决策算法 [J]. 计算机应用研究，2010，27 (10): 3680-3682.

[40] 李煜，马良 . 新型元启发式布谷鸟搜索算法 [J]. 系统工程，2012，30 (8): 64-69.

[41] YANG X. S., DEB S. Cuckoo search via Lévy flights [J]. In Proc. of World Congress on Nature & Biologically Inspired Computing (NaBic 2009), 2009: 210-214.

[42] PĂUN G. Computing with membranes [J]. Journal of Computer and System Sciences, 2000, 61 (1): 108-143.

[43] PĂUN G. Membrane computing: an introduction [M]. Springer, 2002.

[44] GUO L. A novel hybrid bat algorithm with harmony search for global numerical optimization [J]. Journal of Applied Mathematics, 2013, DOI: 10. 1155/2013/696491.

[45] GEEM Z. W., KIN J. H., LOGANATHAN G. V. A new heuristic optimization algorithm: harmony search [J]. Simulation, 2001, 76 (2): 60-68.

[46] 李枝勇，马良，张惠珍 . 蝙蝠算法收敛性分析 [J]. 数学的实践与认识，2013，43 (12): 182-190.

[47] YANG X., HE X. Bat algorithm: literature review and applications [J]. International Journal of Bio-Inspired Computation, 2013, 5 (3): 141-149.

[48] NATARAJAN A., SUBRAMANIAN S, PREMALATHA K. A comparative study of cuckoo search and bat algorithm for Bloom filter optimisation in spam

filtering [J]. International Journal of Bio-Inspired Computation, 2012, 4 (2): 89-99.

[49] ARORA S., SINGH S. A conceptual comparison of firefly algorithm [C]. bat algorithm and cuckoo search, 2013.

[50] YANG X. Firefly algorithm, Levy flights and global optimization [M]. Research and Development in Intelligent Systems XXVI. Springer, 2010: 209-218.

[51] 刘勇. 引力搜索算法及其应用研究 [D]. 上海理工大学, 2013.

[52] MOGILNER A., EEDLSTEIN-KESHET L. A non-local model for a swarm [J]. Journal of Mathematical Biology, 1999, 38 (6): 534-570.

[53] GAZI V., PASSINO K. M. Stability analysis of swarms [J]. IEEE Transactions on Automatic Control, 2003, 48 (4): 692-697.

[54] YANG X. Nature-inspired metaheuristic algorithms [M]. Luniver Press, 2010.

[55] ALDANA M., HUEPE C. Phase transitions in self-driven many-particle systems and related non-equilibrium models: a network approach [J]. Journal of Statistical Physics, 2003, 112 (1-2): 135-153.

[56] CZIRÓK A., VICSEK T. Collective behavior of interacting self-propelled particles [J]. Physica A: Statistical Mechanics and its Applications, 2000, 281 (1): 17-29.

[57] TEODOROVI C. D. V. S. A, DELL ORCO M. Bee colony optimization—a cooperative learning approach to complex transportation problems [J]. Advanced OR and AI Methods in Transportation, 2005: 51-60.

[58] NICOSIA G., CUTELLO V., BENTLEY P. J, et al. Artificial immune systems [M]. Springer, 2004.

[59] BONABEAU E., DORIGO M., THERAULAZ G. Swarm intelligence: from natural to artificial systems [M]. Oxford university press, 1999.

[60] 雷秀娟. 群智能优化算法及其应用 [M]. 北京: 科学出版社, 2012.

[61] MILLONAS M. Swarms, Phase Transitions and Collective Intelligence [M]. C. G. Langton Ed. Artificial Life Ⅲ. : Addison Wesley, Reading MA: 1994, 417-445.

[62] CHRISTIAN BLUM. 群智能 [M]. 龙飞，译. 北京：国防工业出版社，2011.

[63] KENNEDY J. , EBERHART RUSSEL C. , SHI Y. Swarm Intelligence [M]. Academic Press, 2001.

[64] COLORNI A. , DORIGO M. , MANIEZZO V. Distributed optimization by ant colonies [J]. Proceedings of the First European Conference on Artificial Life, Paris, France, 1991: 134-142.

[65] HEY T. Quantum computing: an introduction [J]. Computing & Control Engineering Journal, 1999, 10 (3): 105-112.

[66] HAN K. , KIM J. Genetic quantum algorithm and its application to combinatorial optimization problem [C]. Proceedings of the 2000 Congress on Evolutionary Computation, IEEE, 2000, 1354-1360.

[67] YANG X. S. Nature Inspired Cooperative Strategies for Optimization [M]. Berlin: Springier, 2010: 65-74.

[68] KARABOGA D. , BASTURK B. A powerful and efficient algorithm for numerical function optimization: artificial bee colony (ABC) algorithm [J]. Journal of global optimization, 2007, 39 (3): 459-471.

[69] PASSINO K. M. Biomimicry of bacterial foraging for distributed optimization and control [J]. IEEE Control Syst Mag, 2002, 22 (3): 52-67.

[70] YANG X. Firefly algorithm, stochastic test functions and design optimisation [J]. International Journal of Bio-Inspired Computation, 2010, 2 (2): 78-84.

[71] 李晓磊，邵之江，钱积新. 一种基于动物自治体的寻优模式：鱼群算法 [J]. 系统工程理论与实践，2002，22（11）：32-38.

[72] 李晓磊，路飞，田国会，钱积新. 组合优化问题的人工鱼群算法应用 [J]. 山东大学学报（工学版），2004，34（5）：64-67.

［73］李晓磊．一种新型的智能优化算法——人工鱼群算法［D］．浙江大学，2003：1-85.

［74］MUZAFFAR EUSUFF，KEVIN LANSEY，FAYZUL PASHA. Shuffled frog leaping algorithm：a memetic metaheuristic for combinatorial optimation［J］. Engineering Optimization，2006，38（2）：129-154.

［75］ALIREZA RAHIMA-VAHED，ALI HOSSEIN MIRZAEI. A hybrid multi-objective shuffled frog-leaping algorithm for a mixed-model assembly line sequencing problem［J］. Computers & Industrial Engineering，2007，53（4）：642-666.

［76］BABAK AMIRI，MOHAMMAD FATHIAN，ALI MAROOSI. Application of shuffled frog-leaping algorithm on clustering［J］. The International Journal of Advanced Manufacturing Technology，2009，45（1-2）：199-209.

［77］纪震．粒子群算法及应用［M］．北京：科学出版社，2009.

［78］韩毅，唐加福，牟立峰，等．粒子群算法求解无能力约束生产批量计划问题［J］．管理科学学报，2008，11（5）：33-40.

［79］王正初．车辆路径问题的改进混合粒子群算法研究［J］．计算机仿真，2008（4）：267-270.

［80］肖人彬，陶振武．群集智能研究进展［J］．管理科学学报，2007，10（3）：80-96.

［81］郭文忠，陈国龙．求解 TSP 问题的模糊自适应粒子群算法［J］．计算机科学，2006，33（6）：161-162，185.

［82］高海兵，周驰，高亮．广义粒子群优化模型［J］．计算机学报，2005，28（12）：1980-1987.

［83］李宁，邹彤，孙德宝．车辆路径问题的粒子群算法研究［J］．系统工程学报，2004，19（6）：596-600.

［84］RUOCHEN LIU，JIANXIA LI，JING fAN，CAIHONG MU，LICHENG JIAO. A coevolutionary technique based on multi swarm particle swarm optimization for dynamic Multiobjective optimization［J］. European Journal of Operatio，2017，261：1028-1051.

［85］YANNIS MARINAKIS，ATHANASIOS MIGDALAS，ANGELO SIFALERAS. A hybrid Particle Swarm Optimization Variable Neighborhood Search algorithm for Constrained Shortest Path problems［J］. European Journal of Operationa，2017，261：819-834.

［86］徐小平，朱秋秋，王峰．求解圆排列问题的粒子群蚁群优化算法［J］. 系统仿真学报，2017，（2）：248-254+263.

［87］程毕芸，鲁海燕，黄洋，许凯波．求解 TSP 的自适应优秀系数粒子群优化算法［J］. 计算机应用，2017，（3）：750-754，781.

［88］冯艳红，于红，孙庚．改进的粒子群优化算法的研究与应用［J］. 计算机工程与设计，2015，（8）：2120-2124.

［89］夏小云，周育人．蚁群优化算法的理论研究进展［J］. 智能系统学报，2016，（1）：27-36.

［90］刘士新，宋健海，唐加福．蚁群最优化—模型、算法及应用综述［J］. 系统工程学报，2004，19（5）：496-502.

［91］I. D. I. D. ARIYASINGHA，T. G. I. FERNANDO. Performance analysis of the multi objective ant colony optimization algorithms for the traveling salesman problem［J］. Swarm and Evolutionary Computat，2015，23：11-26.

［92］RONG HWA HUANGA，TUNG HAN YU. An effective ant colony optimization algorithm for multiobjective job shop scheduling with equal size lot splitting［J］. Applied Soft Computing，2017（57）：642-656.

［93］YING LIN，YUE-JIAO GONG，JUN ZHANG. An adaptive ant colony Optimizatio algorithm for constructing cognitive diagnosis tests［J］. Applied Soft Computing，2017（52）：1-13

［94］吕琳，尉永清，任敏，潘晓．基于蚁群优化算法的凝聚型层次聚类［J］. 计算机应用研究，2017（1）：114-117.

［95］HAN K.，KIM J. Quantum-inspired evolutionary algorithms with a new termination criterion，H. &epsi；gate，and two-phase scheme［J］. IEEE Transactions on Evolutionary Computation，2004，8（2）：156-169.

［96］HANNEKE D.，HOME J. P.，JOST J. D.，et al. Realization of a programmable two-qubit quantum processor [J]. Nature Physics, 2009, 6 (1): 13-16.

[97] NIELSEN MICHAELA., CHUANG ISAACL. 量子计算和量子信息（一）[M]. 北京：清华大学出版社，2009.

[98] YANG X. S. Unconventional Computation and Natural Computation [M]. Berlin: Springier, 2012: 240-249.

[99] MUSIKAPUN P., PONGCHAROEN P. Solving Multi-Machine Multi-Product Scheduling Problem Using Bat Algorithm [J]. International Proceedings of Economics Development & Research, 2012, 18 (5), 35-37.

[100] BORA T. C., COELHO L. S., LEBENSZTAJN L. Bat-inspired Optimization Approach for the Brush Less DC Wheel Motor Problem [J]. IEEE Transaction on Magnetics, 2012, 48 (2): 947-950.

[101] KHAN K, SAHAI A. A. Comparison of B. A., PSO, BP and LM for Training Feed Forward Neural Networks in E-learning Context [J]. International Journal of Intel Systems and Applications (IJISA), 2012, 4 (7): 23-26.

[102] 李枝勇，马良，张惠珍. 蝙蝠算法在多目标选择背包问题中的应用 [J]. 计算机仿真. 2013, 30 (10): 350-353.

[103] 唐海东，芮钧，吴正义. 基于混合蝙蝠算法的梯级水电站群优化调度研究 [J]. 水电与抽水蓄能，2015，6：36-40.

[104] SHANG Y., QIU Y. A note on the extended Rosenbrock function [J]. Evolutionary Computation, 2006, 14 (1): 119-126.

[105] NIELSEN M. A., CHUANG I L. Quantum computation and quantum information [M]. Cambridge university press, 2010.

[106] KARABOGA D., BASTURK B. On the performance of artificial bee colony (ABC) algorithm [J]. Applied soft computing, 2008, 8 (1): 687-697.

[107] SHI Y., EBERHART R. C. A modified particle swarm optimizer [C]. Proceedings of the 1998 IEEE Conference on Evolutionary Computation, Anchorage, USA, 1998: 69-73.

[108] CAN B. KALAYCI, OKKES ERTENLICE, HASAN AKYER,

HAKAN AYGOREN. An artificial bee colony algorithm with feasibility enforcement and infeasibility toleration procedures for cardinality constrained portfolio optimization ［J］. Expert Systems With Applicatio-ns. 2017 （85）: 61-75.

［109］ Z. H. DING, M. HUANG, Z. R. LU. Structural damage detection using artificial bee colony algorithm with hybrid search strategy ［J］. Swarm and Evolutionary Computation. 2016 （28）: 1-13.

［110］ 洪月华. 一种具有学习能力的人工蜂群优化算法 ［J］. 微电子学与计算机，2015 （6）: 154-158.

［111］ WEIGUO ZHAO, LIYING WANG. An effective bacterial foraging optimizer for global optimization ［J］. Information Sciences. 2016 （329）: 719-735.

［112］ ALMA Y. ALANIS, NANCY ARANA-DANIEL, CARLOS LOPEZ-FRANCO. Bacterial foraging Optimization algorithm to improve a discrete time neural second order sliding mode Controller ［J］. Applied Mathematics and Computat, 2015 （271）: 43-51.

［113］ YONGSHENG PAN, YONG XIAA, TAO ZHOU, MICHALE FULHAMB. Cell image segmentation using bacterial foraging optimization ［J］. Applied Soft Computing, 2017 （58）: 770-782.

［114］ 鲁远耀，郭振芳. 基于细菌觅食优化算法的多色彩空间嘴唇分割 ［J］. 计算机工程，2017 （6）: 230-235.

［115］ 李锦，王联国. 基于细菌觅食优化算法的城市轨道交通调度优化 ［J］. 计算机工程与科学，2017 （3）: 586-592.

［116］ GAZI V., PASSINO K. M. Stability analysis of social foraging swarms ［J］. IEEE Transactions on Systems, Man and Cybernetics Part B: Cybernetics, 2004, 34 （1）: 539-557.

［117］ YANG X., DEB S. Eagle strategy using Levy walk and firefly algorithms for stochastic optimization ［M］. Nature Inspired Cooperative Strategies for Optimization （NICSO 2010）. Springer, 2010: 101-111.

［118］ YANG XIN-SHE. Nature-inspired metaheuristic algorithms ［M］［S. l. ］: Luniver Press, 2008: 83-96.

[119] RABINDRA KUMAR SAHU, SIDHARTHA PANDA. Design and analysis of hybrid firefly algorithm pattern search based fuzzy PID controller for LFC of multi area power systems [J]. Electrical Power and Energy Systems, 2015 (69): 200-212.

[120] EIMAN TAMAH AL-SHAMMARI, AFRAM KEIVANI. Prediction of heat load in district heating systems by Support Vector Machine with Firefly searching algorithm [J]. Energy, 2016 (95): 266-273.

[121] 邹东尧，刘碧微，杨威. 基于飞行理论萤火虫算法的 TDOA 与 GROA 定位机制 [J]. 计算机应用研究，2017 (9): 1-8.

[122] 张丽红，余世明. 求解置换流水线调度问题的改进萤火虫优化算法 [J]. 计算机科学，2016 (8): 240-243, 266.

[123] 张强，李盼池. 自适应分组差分萤火虫算法求解连续空间优化问题 [J]. 控制与决策，2017 (7): 1217-1222.

[124] 顾忠伟，徐福缘. 一种新颖的萤火虫算法求解 PID 控制器参数自整定问题 [J]. 系统管理学报，2017 (1): 101-106.

[125] 王众，贾陈喜，孙悦华. 中杜鹃寄生繁殖及雏鸟生长一例 [J]. 动物学杂志，2004, 39 (1): 103-105.

[126] 田逢俊，宋印刚，郝树林，等. 大杜鹃在南四湖生态习性观察 [J]. 山东林业科技，1991 (1): 9-12.

[127] PREETAM DASGUPTA, SWAGATAM DAS. A Discrete Inter Species Cuckoo Search for flowshop scheduling problems [J]. Computers Operations Research, 2015 (60): 111-120.

[128] XIANGTAO LI, MINGHAO YIN. Modified cuckoo search algorithm with self adaptive parameter method [J]. Information Sciences. 2015 (298): 80-97.

[129] 王玉芳，毛永毅. 一种基于改进布谷鸟算法的 WSN 节点定位算法 [J]. 计算机应用研究，2017 (11): 1-6.

[130] 陶涛，张俊，信昆仑，李树平. 基于布谷鸟算法的给水管网调压阀优化设计 [J]. 同济大学学报（自然科学版），2016 (4): 600-604, 631.

［131］张子成，韩伟．求解 TSP 问题的自适应离散型布谷鸟算法［J］．计算机工程与应用，2017（10）：48-54，100.

［132］SHLESINGER M F. Mathematical physics：Search research［J］. Nature，2006，443（7109）：281-282.

［133］黄光球，刘嘉飞，姚玉霞．人工鱼群算法的全局收敛性证明［J］．计算机工程，2012（2）：204-206.

［134］黄光球，刘嘉飞，姚玉霞．求解组合优化问题的鱼群算法的收敛性证明［J］．计算机工程与应用，2012（10）：58-63.

［135］罗德相，周永权，黄华娟．粒子群和人工鱼群混合优化算法［J］．计算机与应用化学，2009，26（10）：1257-1261.

［136］张梅凤，邵诚，甘勇，等．基于变异算子与模拟退火混合的人工鱼群优化算法［J］．电子学报，2006，34（8）：1381-1385.

［137］李亮，迟世春，林皋．禁忌鱼群算法及其在边坡稳定分析中的应用［J］．工程力学，2006，23（3）：6-10.

［138］XIN-YUAN LUAN，ZHAN-PEI LI，TING-ZHANG LIU. A novel attribute reduction algorithm based on rough set and improved artificial fish swarm algorithm［J］. Neuroc-omputing. 2016（174）：522-529.

［139］ZEQIANG ZHANG，KAIPU WANG，LIXIA ZHU，YI WANG. A Pareto improved artificial fish swarm algorithm for solving a multi objective fuzzy disassembly line balancing problem［J］. Expert Systems With Applications，2017（86）：165-176.

［140］费腾，张立毅，白煜，陈雷．基于 DNA 的改进人工鱼群算法［J］．天津大学学报（自然科学与工程技术版），2016（6）：581-588.

［141］龚波，曾飞艳．基于自适应动态邻域结构的人工鱼群算法［J］．计算机工程与应用，2015（13）：52-55，110.

［142］HUANG C. W.，JIN Y.，ZHAO L. Automatic recognition of speech emotion using shuffled frog leaping algorithm［C］//2010 3rd international congress on image and signal processing. Yantai，China，2010：2505-2508.

［143］LI X.，LUO J. P.，CHEN M. R.，et al. An improved shuffled frog leaping algorithm with extremal optimization for continuous optimization [J]. Information sciences, 2012 (192): 143-151.

[144] ZHEN Z. Y., WANG D. B., LIU Y. Y. Improved shuffled frog leaping algorithm for continuous optimization problem [C] //IEEE Congress on Evolutionary Computation. 2009: 2992-2995.

[145] 李英海，周建中，杨俊杰，等．一种基于阈值选择策略的改进混合蛙跳算法 [J]. 计算机工程与应用，2007，43 (35): 19-21.

[146] PARMEET KAUR, SHIKHA MEHTA. Resource provisioning and work flow scheduling in clouds using augmented Shuffled Frog Leaping Algorithm [J]. Journal of Parallel and Distributed Computer, 2017 (101): 41-50.

[147] JIANPING LUO, XIA LI, MIN-RONG CHEN, HONGWEI L. A novel hybrid shuffled frog leaping algorithm for vehicle routing problem with time windows [J]. Information Sciences, 2015 (316): 266-292.

[148] 王文发，许淳，尹斌斌，杜智杰．基于改进混合蛙跳算法的动态环境路径规划 [J]. 吉林大学学报（理学版），2016 (4): 857-861.

[149] 薛楷嘉，王从庆，李志宇．基于混合蛙跳算法多无人机航点规划 [J]. 华中科技大学学报（自然科学版），2015 (S1): 341-344.

第 2 章

蝙蝠算法

蝙蝠算法是一种模拟蝙蝠回声定位机制的全局性随机搜索算法，它从随机产生的初始群体开始，经过进化算子的不断作用，在迭代过程中逐步改进当前群体中个体的适应值，直到算法得到问题的最优解或满意解为止。2010 年，剑桥大学学者 YANG 通过模拟蝙蝠回声定位行为，提出一种新的智能优化算法——蝙蝠算法（Bat-inspired Algorithm）。[1] 该算法是一种基于种群的随机寻优算法，蝙蝠个体是蝙蝠算法的基本单元，整个群体的运动在问题求解空间中产生从无序到有序的演化过程，从而获取最优解。蝙蝠算法中，每个优化问题的解都是搜索空间中的一个蝙蝠，所有蝙蝠都有一个优化问题决定的适应值，每个蝙蝠通过调整频率，响度，脉冲发射率，追随当前的最优蝙蝠在解空间中搜索。蝙蝠算法结合了现有成功算法的主要优点和回声定位的新特性，本章介绍蝙蝠算法的基本模型，讨论蝙蝠算法的生物学动机，从原理上描述蝙蝠回声定位行为和算法实现流程。从算法的提出与改进和算法的应用等方面分析了算法的研究进展，并探讨了后续的一些研究方向。

2.1 蝙蝠算法

通过对自然智能的建模，我们成功地创建出许多智能系统，包括遗传算法[2]、蚁群算法[3]、粒子群算法[4,5]和量子计算[6]等，每种智能算法都对应一种实际启发源。例如，DNA 计算[7]是基于诺贝尔生理学或医学奖获得者 Watson 和 Crick 提出的双螺旋结构和诺贝尔化学奖获得者 Mullis 提出的聚合酶链接反应；人工蜂群算法[8]是基于诺贝尔生理学或医学奖获得者Frisch破译的蜜蜂跳舞行为；而人工免疫算法[9]是基于获诺贝尔生理学或医学奖获得者K. Jerne提出的免疫网络理论。

蝙蝠算法寻优过程主要通过回声定位和频率调谐，在实际模拟中，回声定位并没有被直接用来计算现实的函数优化问题的，但是算法引入了频率的变化。因此，算法结合了类似于粒子群算法和和声搜索算法的优化搜索优点，使蝙蝠算法拥有其他群智能算法拥有的一些优点。与其他智能算法相比，蝙蝠算法一个很突出的优点就是其能够自动将算法的寻优区域缩放到能够产生比当前解性能更好的解所在区域。伴随这种缩放进程的是从全局搜索到局部搜索的自动转换。这种功能使得蝙蝠算法在算法寻优的初始阶段拥有一个比其他算法更快的收敛速度。

蝙蝠算法的另一个突出优点是参数的动态控制。大多启发式算法的参数在算法运行前已通过实验的手段进行确定，参数在算法运行的过程中一般情况下是保持不变的，是一种静态的参数设置方式。蝙蝠算法的参数设置方法相对是动态的，响度A和脉冲发射速率r会随着迭代的进行而进行改变。当算法寻优的结果接近全局最优解时，这种参数控制方式便给算法提供了一种算法由全局搜索向局部搜索自动转换的途径。如何将蝙蝠算法和其他算法进行有效的结合，取长补短，提出一种性能更好的混合算法将是一个重要的研究方向。

2.1.1 算法的生物学背景

蝙蝠是哺乳动物中分布最广泛、数量最多的类群之一，高度进化的回声定位系统使它们成为进化最成功的类群之一。[10-12] 1793年，意大利科学家Lazzaro Spallanzani首次提出蝙蝠依靠听觉进行空中定位和搜索猎物。20世纪30年代后期，美国动物学家DonaldR. Griffin提出回声定位的概念，并且利用声呐探测器对飞行的蝙蝠进行探测。蝙蝠种类繁多，全世界有977种，我国有105种，占兽类种类的17.59%。蝙蝠擅长夜间活动，视觉较差，听觉异常发达。因为能够有效地利用回声定位，蝙蝠在夜间或十分昏暗的环境中也能自由飞翔并准确无误地捕捉猎物。蝙蝠的大小差别很大，最大的蝙蝠稗斯麦飞狐蝠，翼展达1.65m，体重达1kg。最小的蝙蝠是一种蝶蝠，体重仅4g，翼展仅2cm。蝙蝠能听到频率高达212kHz的超声波，而人耳只能听到20kHz以下的声音。其中的微型蝙蝠约有780个物种，几乎都有回声定位系统，多能自口腔发出从7000Hz至70000Hz不同频率的声波，并用发达的听觉系统接收返回声波。蝙蝠发出速度低（约10次/秒）而频率高（60000~70000Hz）的声波，当检测到昆虫等猎物时，频率下降；随着向目标逐渐靠近，回声定位频率越来越低。蝙蝠听到的回声频率是逐步下降的，这种改变频率的特点使得蝙蝠能在嘈杂的外界环境中，迅速辨认出自己的声波。

2.1.2 算法的基本概念

回声定位是一个复杂、高度进化的过程，是指动物通过对自身发射声波的回声的分析来建立其周围环境的声音——图像。蝙蝠对自己发出的超声波的回声进行分析，不仅能判断附近障碍物的距离，还能发现昆虫以便捕捉。蝙蝠通过回声可以知道昆虫的大小、形状及其运动方向，因此捕捉极为准确。

许多研究表明，蝙蝠根据自己发出的声波与接收的声波时差确定物体的距离，依据回声到达两耳的不同时间与不同强度来判断物体方位，利用回声定位波形变化来识别物体的性质，是敌害、猎物还是建筑物。这些活动都在极短的时间内发生，当它们接近物体时，随着频率降低，声波速度越来越大，可达100~200次/秒，即每个脉冲所需时间仅为1/100~1/200秒，检测速度惊人。一般情况下，蝙蝠平均每分钟能捕到10只蚊子或14只果蝇大小的昆虫。蝙蝠的声呐系统非常精巧，200年前动物学家就进行了实验测试，让蝙蝠在吊挂着许多悬线的暗室中往返飞行，结果没有一个会撞线。蝙蝠通过嘴或鼻孔发出高频声波，一只蝙蝠接近一个静止的昆虫时接收的回声频率将会升高，当昆虫飞向蝙蝠时频率上升幅度更大。有些蝙蝠能利用相对于其周围物体的多普勒变化来计算它们的飞行速度。

由于声音在空气中的速度通常为 $v=340\text{m/s}$，而超声波在 f 频率下的波长为：

$$\lambda = v/f \tag{2-1}$$

通常频率为 25kHz～150kHz，它的范围在 2mm～14mm。这样的波长符合它对猎物的大小要求。蝙蝠发出的在超声波范围内的声波，响度能达到 110dB。响度可以从搜索猎物时的最高音变化到靠近猎物时的静音。通常根据实际的频率，这样短暂的脉冲的传送距离只有几米。微型蝙蝠通常能够设法避开障碍物，哪怕障碍物只有头发丝大小。研究表明，微型蝙蝠利用发出和探测回声的时间延迟，利用双耳接受回声的时间差，利用回声的响度变化去建立周围环境的三维场景。蝙蝠能够探测目标物的距离与方向，猎物的种类，猎物的移动速度，哪怕猎物只是一只小小的昆虫。

目前，已有的智能计算理论和应用研究表明智能优化方法是一种能够有效解决大多数优化问题的方法。基于智能特征的优化算法设计必须遵守简单有效的原则，对于自然现象过于复杂的模拟往往会导致算法不具有推广性和实用价值，许多智能优化算法不成功的原因就在于此。如何从自然规律中提炼出有效的规则应用到算法的寻优策略，是智能优化算法设计时要面对的一个关键问题。蝙蝠算法受回声定位规律启发，但是不拘泥于回声定位的原始表达式。另外，参数不再固定不变，而是随迭代次数进行调整，算法的优化性能较好。

2.1.3 算法流程及进化方程

模拟微型蝙蝠回声定位理论进而形成蝙蝠算法智能计算模式，该算法基于如下基本假设：

（1）蝙蝠运用回声定位感应距离，并能感知食物和障碍物之间的区别。

（2）蝙蝠在位置 X_i 以速度 V_i 随机飞行，以固定频率 $f_{\min}$（或 λ）、可变化波长 λ（或 f）和响度 A_0 搜索猎物，他们根据猎物与自己的距离调节发射脉冲波长（或频率），并在靠近猎物时调整发射脉冲的频度 $r\in[0, 1]$。

（3）假定响度变化从最大值（正值）A_0 到最小值 A_{min}。

通常频率的范围为［f_{min}，f_{max}］对应的波长范围为［λ_{min}，λ_{max}］，如频率范围［20kHz，500kHz］对应的波长范围便是 0.7～17mm。实际应用中，可以根据不同的问题使用任何波长，通过调整波长（或频率）来调整范围，先选择相应的区域，然后慢慢缩小。我们可以假定 $f\in[0, f_{max}]$，频率越高，它的波长越短，飞行距离越短，通常飞行范围在几米以内。发射脉冲的频度在［0，1］范围内，其中，0 表示没有脉冲，1 意味着最大发射频度。

基于以上分析，蝙蝠搜索算法的主要步骤可以描述如下：

步骤 1：参数初始化，目标函数 $f(X)$，$X=(x_1, \cdots, x_d)^T$，初始化蝙蝠种群 $X_i(i=1, 2, \cdots, n)$ 和 V_i，脉冲频率 f_i at X_i，初始化脉冲速率 r_i 和声音响度 A_i。

步骤 2：通过调整频率产生新的解并更改速度和位置。

步骤 3：如果（rand>r_i）从最佳解集中选一个解，在选择的最佳解附近形成一个局部解。

步骤 4：通过随意飞行产生一个新解。

步骤 5：If[rand<A_i & $f(X_i)<f(X^*)$]，接受这个新的解，增大 r_i 减小 A_i。

步骤 6：排列蝙蝠并找到当前最佳 X^*。

步骤 7：如未满足结束条件，则返回步骤 2。

步骤 8：输出全局最优位置。

在一个 d 维搜索空间中，蝙蝠新位置 X_i^t 和速度 V_i^t 在步骤 t 时的更新公式如下：

$$f_i=f_{min}+(f_{max}-f_{min})\beta,\ \beta\in[0, 1] \tag{2-2}$$

$$V_i^t=V_i^{t-1}+(X_i^t-X^*)f_i, \tag{2-3}$$

$$X_i^t=X_i^{t-1}+V_i^t \tag{2-4}$$

式中，$\beta\in[0, 1]$ 是一个随机向量，X^* 是当前全局最佳位置。根据所求解的问题类型，固定 λ_i（或 f_i）的同时改变 f_i（或 λ_i）。在实际求解过程中，我们可以根据问题的领域大小，如使用$f_{\min}=0$和$f_{\max}=100$。开始时每只蝙蝠随机分配频率，频率是从［$f_{\min}$，$f_{\max}$］平均得出的。局部搜索时，每只蝙蝠的更新公式如下：

$$X_{new}=X_{old}+\varepsilon A^t \quad \varepsilon\in[-1,\ 1] \tag{2-5}$$

这里$\varepsilon\in[-1,\ 1]$是随机数，$A^t=\langle A_i^t\rangle$是所有蝙蝠在这一代里的平均响度。蝙蝠的速度、位置更新和标准粒子群算法有些相似，这里f_i基本上控制了蝙蝠运动的节奏和范围。所以，在某种程度上可以认为*BA*是标准粒子群算法和由响度及脉冲率控制的局部搜索的一种均衡组合。

然后，脉冲发射的响度A_i和速率r_i随着迭代过程进行更新。一旦蝙蝠发现了猎物，响度会逐渐降低，脉冲速率会逐渐提高。响度可以选为任何便利值，例如，我们可以用$A_0=100$和$A_{\min}=1$，或者我们也可以用$A_0=1$和$A_{\min}=0$。我们假设$A_{\min}=0$表示一只蝙蝠刚刚发现猎物，暂时停止发出声音。脉冲发射的响度A_i和速率r_i的更新公式如下：

$$A_i^t=\alpha A_i^{t-1}, \qquad r_i^t=r_i^0\ [1-e^{-\gamma t}] \tag{2-6}$$

这里α和γ是恒量，α类似于模拟退火算法中冷却进程表中的冷却因素。对于任何$0<\alpha<1$和$\gamma>0$的量都有

$$A_i^t\to 0,\ r_i^t\to r_i^0,\ as,\ t\to\infty \tag{2-7}$$

初始化时，每只蝙蝠所发出的响度和脉冲速率随机给出。一般情况下，我们定义初始的响度A_i^0通常在［1，2］之间，初始的发射速率r_i^0在0左右。蝙蝠的响度和发射率将随搜索过程不断更新，从而逐渐飞向最优解。

蝙蝠算法的伪代码表示如下：

```
Initialize the bat population x_i (i=1, 2, ⋯, n) and v_i
Initialize frequencies f_i, pulse rates r_i and the loudness A_i
While (t<maximum number of iterations)
  For i=1: n
Generate new solutions using (2), (3) and (4)
    If rand>r_new
```

Select one among the best solutions and generate a local solution around this one, using (5)

Else

Select randomly a solution and generate a local solution around this one, using (5)

End if

Evaluate the bats

If(rand<Ai) and [$f(xi)$ <$f(x^*)$]

$F(xi)$ =$f(x^*)$

Increase ri and reduce Ai, using (6)

End if

End for

Rank bats to find the current best solutions

End while

蝙蝠算法是一种新型的群体智能优化算法，具有很多群体智能优化算法的特点。例如，蝙蝠对目标函数没有特别要求，不要求函数具有连续和可导等数学性质，甚至有时连有没有解析表达式都不做要求，而且对问题中不确定的信息具有一定的适应能力。因此，算法的通用性比较强。此外，从算法实现的方法来看，蝙蝠算法可以根据具体问题，设计出合理的算法实现方式。

2.2 蝙蝠算法的研究进展

2.2.1 蝙蝠算法的提出和改进

通过对回声定位的模拟，Yang 于 2010 年提出了蝙蝠算法。算法以典型的单目标连续优化测试函数为基准，并与遗传算法和微粒群优化算法等经典智能优化算法进行比较。实验结果表明蝙蝠算法具有较好的优化性能。随后，Yang 又提出一种求解多目标问题的蝙蝠算法[13]，算法在与传统的遗传算法和微粒群算法的比较中取得较好的结果。自此，蝙蝠算法受到越来越多的研究者关注。蝙蝠算法作为一种新型的优化方法同样具有两面性，算法一方面具有良好的优化潜力；另一方面存在局部搜索能力较差和易早熟收敛等问题。随着人们对这一算法的深入研究，许多学者对算法存在的问题进行了分析和研究，并提出了一些改进方法。

1. 模糊逻辑蝙蝠算法

利用不同算法的优化行为、优化结构和优化机制的互补性来提高算法的优化性能，将多种算法进行混合已经成为优化算法发展的一种重要方法。因此，发展和其他算法融合的蝙蝠算法是改进蝙蝠算法的一条有效途径。受模糊逻辑的启发，文献[14]提出一种和模糊逻相结合的算法，将模糊逻辑的概念引入蝙蝠算法，形成模糊蝙蝠算法。

2. K-Means 蝙蝠算法

文献[15]将 K-Means 技术融入蝙蝠算法，形成 K-Means 蝙蝠算法。

3. 混沌蝙蝠算法

引入混沌到蝙蝠算法以增加全局搜索的能力，并对不同混沌映射的问题进行详细研究。对混沌蝙蝠算法的四个不同变种进行了介绍，结果表明，混沌蝙蝠算法优于标准蝙蝠算法。

文献[16]结合莱维飞行、混沌的遍历性以及蝙蝠算法自身的特点，提出混沌蝙蝠算法用来研究动态生物系统的参数估计问题。通过逻辑自映射函数产生混沌序列，引入蝙蝠算法中对精英个体进行混沌优化，同时动态收缩搜索空间进而加快收敛速率。这个改进算法有效结合了基本蝙蝠算法的全局优化能力和混沌算法的局部搜索能力，其对经典函数的仿真测试表明，新算法的优化性能有了较高提升。

4. 二进制蝙蝠算法

文献[17]使用 S 型函数，作用于每只蝙蝠当前速度的每个变量，将所得结果0或者1用作该蝙蝠当前位置相应分量的值，用此方法来解决分类和特征提取问题。

5. 莱维蝙蝠算法

文献[18]引入莱维飞行特征，给出了响度和脉冲发射速率的变化和莱维飞行之间的组合方式，提出了一种改进的蝙蝠算法，求解了70个不同的测试函数，并显示出较好的性能。文献[19]融合了微分算子、莱维飞行和蝙蝠算法各自的优点，提出了混合蝙蝠算法，求解了函数优化问题。文献[20]采用莱维飞行搜索策略模拟蝙蝠的捕食行为，替换原方法的速度和位置更新方式，充分利用莱维飞行会产生较大跳跃这种不均匀随机游走的特性来规避局部极值的吸引。通过标准测试函数对新算法进行仿真测试，结果表明新算法有效弥补了原算法较快早熟、收敛精度不高等问题，在寻优精度和全局收敛性能方面明显好于原来的基本蝙蝠算法，可以视为一种较好解决复杂函数优化问题的方法。

6. 和声蝙蝠算法

文献[21]融合和声搜索算法和蝙蝠算法各自的优势，形成和声蝙蝠算法。

7. 增加扰动操作

文献[22]把模拟退火的思想引入蝙蝠优化算法中，并对蝙蝠算法的某些个体进行高斯扰动，提出了一种基于模拟退火的高斯扰动蝙蝠优化算法（SAGBA），并将蝙蝠优化算法、模拟退火粒子群算法、SAGBA算法在20个典型的基准测试函数中进行仿真对比，验证的结果表明SAGBA算法增加了全局收敛性，且在收敛速度和精度方面优于其他两种算法。

2.2.2 蝙蝠算法的应用

蝙蝠算法被提出虽然只有短短几年的时间，但已经被广泛应用于各种优化问题领域，蝙蝠算法的应用领域包括函数优化、分类、图像处理、特征提取、调度和数据挖掘等。

1. 连续函数优化

Yang 和 Gandomi A. H. 等人将其应用在工程设计及优化问题上，[23-25]他们的研究结果表明蝙蝠算法能够有效地解决高度非线性优化问题，并且找到的解也比其他算法公布的解更为优良。这些工程问题包括：压力容器设计、汽车侧设计、弹簧和横梁设计、桁架系统、塔类以及高大建筑设计问题；Tsai 等将算法用来进行数值优化；[26] Bora 等人用蝙蝠算法来解决无刷直流电机问题；[27] Yang 将蝙蝠算法用来求解多目标的函数优化问题，[13]刘长平和叶春明通过逻辑自映射函数产生混沌序列，引入蝙蝠算法中对精英个体进行混沌优化，进而改进蝙蝠算法的局部搜索能力，以此提高蝙蝠算法的收敛速度和寻优性能，[28] Wang 等人提出自适应蝙蝠算法[29]和带有记忆策略的蝙蝠算法。[30]

2. 组合优化

Ramesh 等人利用蝙蝠算法求解经济负荷和环境调度问题，[31]并将求解结果与蚁群算法、混合遗传算法和其他方法进行了比较，比较结果说明蝙蝠算法不仅实现简单，而且在计算精度和效率上要优于比较的其他算法；Musikapun 和 Pongcharoen 用蝙蝠算法解决了多阶段多机器多产品的调度问题；同时，他们还通过详细的参数研究解决了一类非确定性的 NP-hard 问题，并指出使用最佳参数组，能够将性能提高 8.4%；[32]盛晓华和叶春明利用对蝙蝠算法重新编码以及初始化的方式来求解离散型生产调度问题，[33]得出蝙蝠算法的性能要优于粒子群算法和量子粒子群算法；刘长平等人将蝙蝠算法用来求解离散优化问题中的置换流水线调度问题，[34]得出蝙蝠算法的性能要优于粒子群算法；Xie 等人将差分进化算法、莱维飞行特征、蝙蝠算法进行有效融合，形成了一个有效的混合算法，并用来实现置换流水车间问题总完工时间的最小化，[35]实验结果显示该算法的性能要优于粒子群算法、入侵杂草搜索算法和混合遗传算法；XIE 等人用蝙蝠算法进行基于多跑道情况下的机场跑道调度问题研究。[36]

Wang 等人使用基本蝙蝠算法和经过变异操作后的改进的蝙蝠算法来进行无人战斗机的路径规划研究;[37] Majumder 使用蝙蝠算法进行小规模水力发电厂的选址问题的研究;[38] Sakthivel 等人用蝙蝠算法来研究考虑阀点效应情况下的经济负荷分配问题。

3. 反问题及参数估计

Yang 等人用蝙蝠算法研究了微电子应用中的拓扑形状优化问题，给出了一种具有不同热性能材料的放置方式，这种放置方式能够保证在严格约束条件下的传热是最有效的。同时指出该蝙蝠算法可以作为一种反问题来进行参数估计，如果一个反问题能够正确的表述和制定，那么蝙蝠算法就能够给出比最小平方法和正则化方法更好的结果。[39] Lin 等人提出一种混沌莱维飞行蝙蝠算法，用来实现非线性动态生物系统的参数估计，并取得了不错的效果。[78]

4. 聚类、分类和数据挖掘

Komarasamy 和 Wahi 将蝙蝠算法和 K-means 算法结合起来，提出一种新的聚类分析算法;[77] Khan 等人使用模糊蝙蝠算法进行了基于办公室工作场所的人体工程学筛选的聚类问题研究，[14] 所提出的算法具有不需要用户预先给出聚类数和聚类中心的优点；Khan 和 Sahari 进行了蝙蝠算法和粒子群算法、遗传算法和其他算法上下文在线学习问题的对比研究，对比结果显示蝙蝠算法比其他算法拥有几个较为明显的优势，[40] 随后他们又使用蝙蝠算法和蝙蝠算法的一种扩展算法对聚类问题进行了研究，并取得了较好的结果。[41]

Mishra S. 等人使用蝙蝠算法对微阵列数据进行了分类研究，[42] 他们用蝙蝠算法实现功能链接人工神经网络分类器的权重更新进而提高该类分类器的分类能力；Natarajan 等人做了有关布谷鸟搜索算法和蝙蝠算法在布龙过滤器优化问题上的对比研究;[17] Damodaram 和 Valarmathi 将改进的蝙蝠算法用于钓鱼网站的识别和预测，[43] 这些工作均取得了很好的效果。

Faritha 和 Chaandrasekar 使用改进的蝙蝠算法研究记录重复数据删除问题，[44]并将该方法用作数据压缩技术，他们的研究成果说明了改进的蝙蝠算法比遗传编程具有更好的性能。

5. 图像处理

Akhtar 等人使用蝙蝠算法进行了视频序列中的全身人体姿势的估计问题研究，[45]他们的研究成果说明了蝙蝠算法在性能上要优于粒子群算法、粒子滤波算法和退火粒子滤波算法；Du 和 Liu 使用变异的思想，提出了蝙蝠算法的一个变异版本，并将该算法用于图像处理的研究，[46]并指出，基于蝙蝠行为的模型比其他模型，如差分进化模型和遗传算法模型，更有效，更可行。

6. 模糊逻辑和模糊系统

Reddy 和 Manoj 使用蝙蝠算法进行了配电系统中以减少功率消耗为目的的最佳电容器配置问题的研究，[47]结合模糊逻辑来寻找最佳电容的大小，以此减小功率消耗。他们的研究结果表明，使用该方法，真正的功率消耗能够得到较为明显地减少。

Lemma 等人使用模糊系统和改进的蝙蝠算法实现燃气轮发电机的熵建模和求解。[48]

7. 其他应用

Khorram-Nia 等人首先构建了一个基于概率潮流的随机框架，用来考虑静态补偿器配置分布和大小问题所带来的不确定性影响，然后用改进的蝙蝠算法来实现全局搜索空间的寻优；[49] Niknam 等人用蝙蝠算法解决在热、电和氢能源联合生产的情况下，熔融碳酸盐燃料电池在分配网络的优化设计问题；[50] Kumaravel 和 Kumar 用蝙蝠算法提高基于向后传播神经网络算法的收敛速度，实现混合算法对静止同步补偿器的自动调谐 PI 控制器的优化设计；[51] Baziar 等人用蝙蝠算法的自适应改进方法来进行可再生能源的微型电网的优化管理研究。[52]

2.2.3 蝙蝠算法研究展望

蝙蝠算法作为一个年轻的群智能优化算法，于2010年被提出，从那时起到本书完成时，短短的几年时间已发表了100多篇关于蝙蝠算法的论文。新的概念正不断被引入，旧的结果被改进，新的结果被证明，蝙蝠算法以其独特的优化机制和良好的优化潜力，受到众多研究者的关注。虽然蝙蝠算法应用遍及各个领域，但其理论研究相对薄弱，加强蝙蝠算法的理论研究已成广大研究人员的共识。

1. 算法的理论研究

虽然蝙蝠算法在求解很多问题时表现出良好的优化效果，但是其相关的理论研究非常稀缺。算法的机理缺少深刻且有普遍意义的系统分析和探讨，同时算法的数学基础还很薄弱。因此，需要对蝙蝠算法的机理、收敛性、收敛速度等理论进行系统研究，阐明算法的工作原理和性态，为算法的发展和应用提供相应的理论依据。

2. 算法的改进

注重高效的蝙蝠算法开发，如对算法核心的迭代方程，包括速度和位置的更新方程进行改进，给出算法参数自适应调整策略。另外，从解决问题的角度出发，本着优势互补的原则，充分发挥各种算法的优点，混合算法也是解决问题的一种发展趋势。应深入分析蝙蝠算法和其他算法在优化原理、搜索模式和优化能力等方面的互补性，在此基础上，设计出基于蝙蝠算法的混合型算法或融入新型优化思想的蝙蝠算法。

3. 算法的应用

目前，蝙蝠算法的应用研究还处于起步阶段，所求解的问题相对有限，其真正的潜力还未挖掘。基于算法良好的优化性能，其应用前景将十分广阔。一方面应拓宽和深化算法的应用领域，将其更广泛更深入地应用于电力系统、机械设计、自动控制、通信网络和生物信息等领域；另一方面将算法用于求解多目标优化问题。在现实中，存在大量的多目标优化问题，这些问题具有广泛性、代表性和重要性，研究和推广基于蝙蝠算法的多目标求解方法具有重要意义。蝙蝠算法可以为许多优化问题的求解提供新方法，而这些应用研究对算法的理解和改进具有重要意义。此外，已经有学者开始尝试将蝙蝠算法用于求解离散优化问题，将算法推广到离散优化领域，为求解离散问题提供新方法。但是如何设计有效的操作算子，还需要进一步分析和研究。

蝙蝠算法是一种新兴的群智能优化算法，目前还有很多未完善的方面，需要对其进行深入分析和研究。但是可以推断的是，随着研究的不断深入，蝙蝠算法必将展现更加广阔和光明的发展前景。

2.3 改进的蝙蝠算法

2.3.1 连续优化问题的蝙蝠算法

1. 引言

在工程优化中，遇到的大都是连续优化问题，即函数优化问题，[53]这些函数代表着不同的优化问题，涉及范围很广，包含单峰函数到多峰函数，低维函数到高维函数，和一些特定情况下的优化问题。因此，对该问题的研究有着重要的理论价值和实际意义。以最小值优化问题为例，给出其数学模型：

$$\min f(x),\ x \in S \tag{2-8}$$

式中，$f(x)$ 为目标函数；$S \subset R^D$ 为搜索空间，也可以称为可行域；$x=(x_1,\ x_2,\ \cdots,\ x_D)$是一个 D 维决策变量，且 $x \in S$。通常情况下，每个自变量 x_i 要满足一定的边界约束限制：

$$l_i \leqslant x_i \leqslant u_i \tag{2-9}$$

这里，l_i 和 u_i 分别表示第 i 个变量的下界和上界，$i=1,\ 2,\ \cdots,\ D$。

连续优化问题的数学描述虽然简单，但是当问题的目标函数拓扑结构比较复杂，决策变量的数目较多时，求解的难度会显著增加。同时人们往往无法获得有关问题的任何先验知识，没有具体规律可循，也会给问题的求解带来不便。此外，随着时代的发展，我们所要解决的问题往往是不连续、不可微、非线性、非凸的、多极值的，这进一步增加了问题的求解难度。采用传统优化算法（如最速下降法和共轭梯度法等）很难获得理想的优化效果。近几十年来，智能优化算法应运而生。这些智能优化算法的搜索原理完全异于传统优化算法，为优化问题的求解提供了新的思路和途径。实践证明，这些智能优化算法在很多优化问题的应用中能够获得成功。本章采用蝙蝠算法求解连续优化问题，通过数值实验，充分验证算法的可行性和有效性。

2. 蝙蝠算法的统一模型

在一个 d 维搜索空间中，蝙蝠新位置 X_i^t 和速度 V_i^t 在步骤 t 时的更新公式如下：

$$f_i=f_{\min}+(f_{\max}-f_{\min})\beta,\ \beta\in[0,1] \tag{2-10}$$

$$V_i^t=V_i^{t-1}+(X_i^t-X^*)f_i, \tag{2-11}$$

$$X_i^t=X_i^{t-1}+V_i^t \tag{2-12}$$

式中，$\beta\in[0,1]$ 是一个随机向量，X^* 是当前全局最佳位置。根据所求解的问题类型，固定 λ_i（或 f_i）的同时改变 f_i（或 λ_i）。在实际求解过程中，我们可以根据问题的领域大小，如使用 $f_{\min}=0$ 和 $f_{\max}=100$。开始时，每只蝙蝠随机分配频率，频率从 $[f_{\min},f_{\max}]$ 平均得出。局部搜索时，每只蝙蝠的更新公式如下：

$$X_{new}=X_{old}+\varepsilon A^t\quad \varepsilon\in[-1,1] \tag{2-13}$$

这里，$\varepsilon\in[-1,1]$ 是随机数，$A^t=\langle A_i^t\rangle$ 是所有蝙蝠在这一代里的平均响度。

脉冲发射的响度 A_i 和速率 r_i 随着迭代过程进行更新。一旦蝙蝠发现了猎物，响度会逐渐降低，脉冲速率逐渐提高。响度可以选为任何便利值，例如，我们可以用 $A_0=100$ 和 $A_{min}=1$，或者我们也可以用 $A_0=1$ 和 $A_{min}=0$。假设 $A_{min}=0$ 表示一只蝙蝠刚刚发现猎物，暂时停止发出声音。脉冲发射的响度 A_i 和速率 r_i 的更新公式如下：

$$A_i^t=\alpha A_i^{t-1},\quad r_i^t=r_i^0[1-e^{-\gamma t}], \tag{2-14}$$

这里，α 和 γ 是恒量，α 类似于模拟退火算法中冷却进程表中的冷却因素。对于任何 $0<\alpha<1$ 和 $\gamma>0$ 的量都有

$$A_i^t\to 0,\ r_i^t\to r_i^0,\ as,\ t\to\infty \tag{2-15}$$

初始化时，每只蝙蝠所发出的响度和脉冲速率随机给出。一般情况下，我们定义初始的响度 A_i^0 通常在［1，2］之间，初始的发射速率 r_i^0 在0左右。蝙蝠的响度和发射率将随搜索过程不断更新，从而逐渐飞向最优解。

3. 数值实验

通常采用一定的基准测试函数来测试和比较各算法性能，在文献[54-56]中有很多基准测试函数，从中我们选择8个国际上通用的函数来验证算法的性能，并与粒子群算法（PSO）进行比较。实验采用 Matlab7.0 语言编程实现，仿真环境为 Windows XP 操作系统，Intel 处理器 2.40GHz，1G 内存。

这些函数可以从多个角度测试算法的优化性能，具体定义如下：

（1）Hansen Function

$$f_1(x)=\sum_{i=1}^{5} i\cdot\cos((i-1)\cdot x_1+i)\cdot\sum_{i=1}^{5} j\cdot\cos((j+1)\cdot x_2+j) \tag{2-16}$$

搜索范围：$x_i\in[-10,\ 10]$；全局最优值：min(f1) = −176.541793，具体空间特征见图 2.1。

该函数是一个多峰函数，局部极值点有 760 个。运行蝙蝠算法很快就可以收敛到最优解，经多次反复运行，可搜索到全部最优解：

(−7.589893，−7.708314)、(−7.589893，−1.425128)、(−7.589893，4.858057)、

(-1.306708，-7.708314)、(-1.306708，-1.425128)、(-1.306708，4.858057)、(4.976478，-7.708314)、(4.976478，-1.425128)、(4.976478，4.858057)。

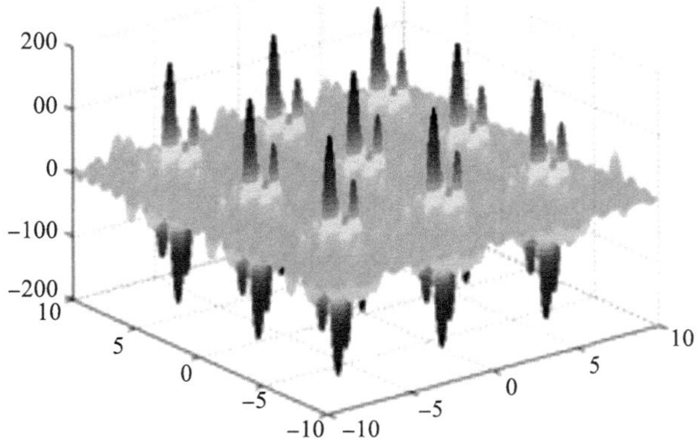

图2.1 Hansen Function 的空间特征

(2) Schaffer Function

$$f_2(x,\ y)=\frac{\sin^2\sqrt{x^2+y^2}-0.5}{[1+0.001(x^2+y^2)]}-0.5 \tag{2-17}$$

搜索范围 x、$y\in[-4,\ 4]$；全局最优值 $\min(f_2)=f_2(0,\ 0)=-1$，具体见图2.2。

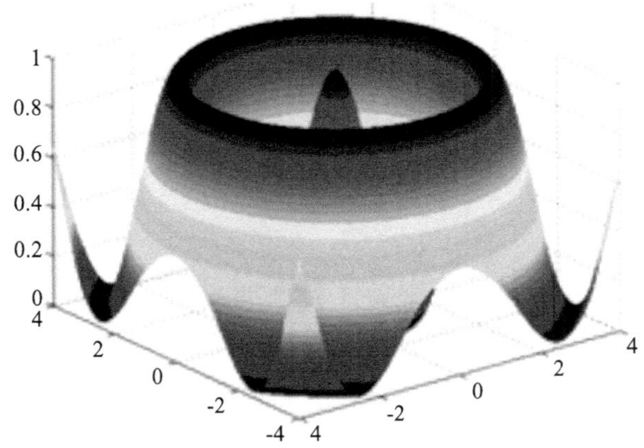

图2.2 Schaffer Function 的空间特征

（3） Branin Function

$$f_3(x)=\left(x_2-\frac{5.1}{4\pi^2}x_1^2+\frac{5}{\pi}x_1-6\right)^2+10\left(1-\frac{1}{8\pi}\right)\cos x_1+10 \tag{2-18}$$

搜索范围 $-5\leqslant x_1\leqslant 10$，$0\leqslant x_2\leqslant 15$；全局最优值 $\min(f_3)=f_3(-3.142,2.275,3.142,2.275)=0.398$，具体空间特征见图 2.3。

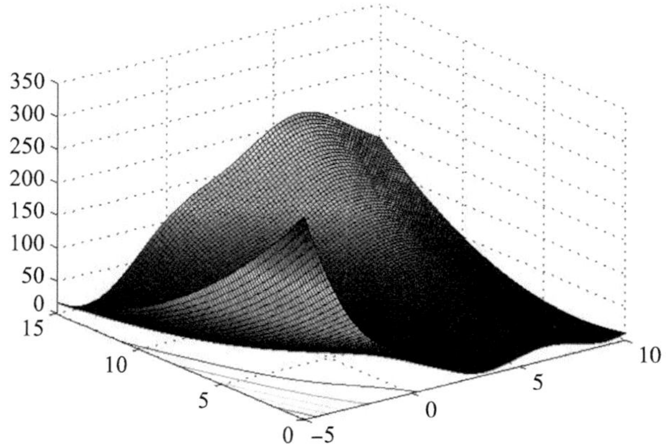

图 2.3 Branin Function 的空间特征

（4） Bohachevsky Function

$$f_4(x,\ y)=0.3\cos 3\pi x-0.3\cos 4\pi x-x^2-y^2-0.3 \tag{2-19}$$

搜索范围 $x,\ y\in[-1,\ 1]$；全局最优值 $\min(f_4)=f_4(0,\ -0.23,\ 0,\ 0.23)=0.24003441039434$，具体空间特征见图 2.4。

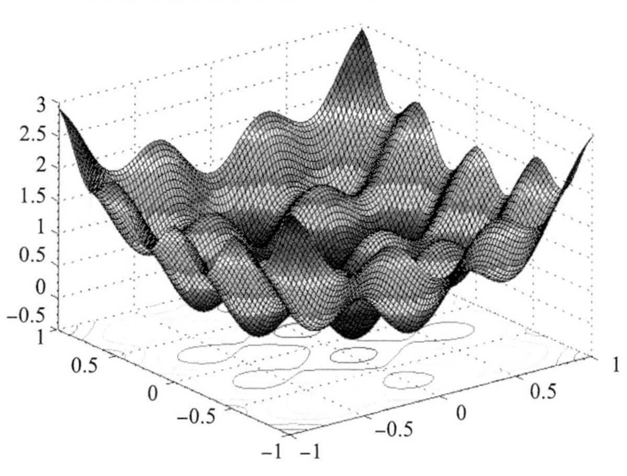

图 2.4 Bohachevsky Function 的空间特征

（5）Six-Hump Camel-Back Function

$$f_5(x) = 4x_1^2-2.1x_1^4+x_1^6/3+x_1x_2-4x_2^2+4x_2^4 \tag{2-20}$$

搜索范围 $-5 \leqslant x_i \leqslant 5$；全局最优值 $\min(f_5) = f_5(0.08983, -0.7126, -0.08983, 0.7126) = -1.0316285$，具体空间特征见图 2.5。

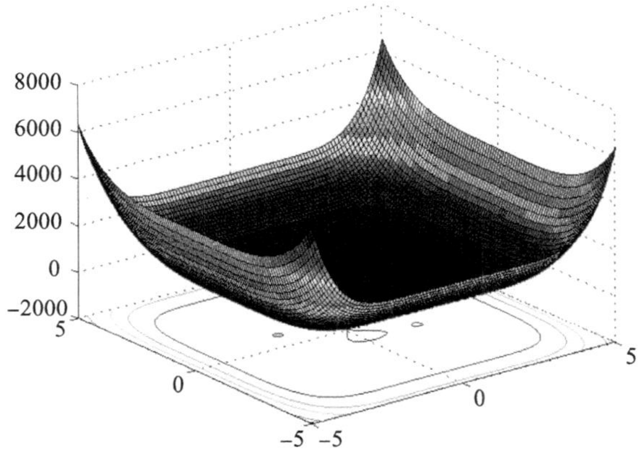

图 2.5 Six-Hump Camel-Back Function 的空间特征

（6）多峰函数

$$f_6(x) = \left[0.01 + \sum_{i=1}^{5} \frac{1}{i + (x_i - 1)^2}\right]^{-1} \tag{2-21}$$

搜索范围 $-10 \leqslant x_i \leqslant 10$；全局最优值 $\min(f_6) = f_6(1, 1, 1, 1, 1) = 0.436$，具体空间特征见图 2.6。

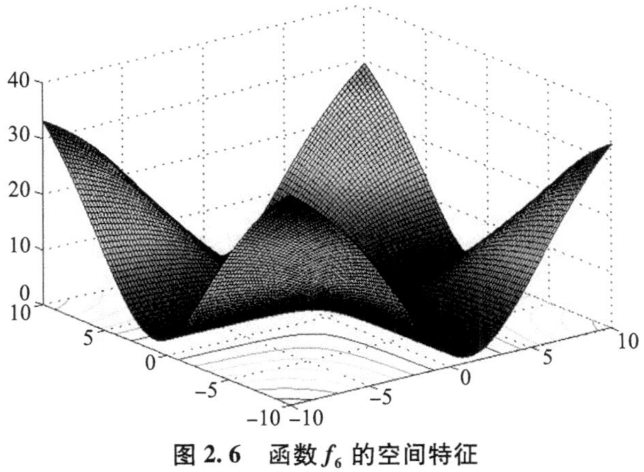

图 2.6 函数 f_6 的空间特征

（7）Goldstein-Price Function

$$f_7(x, y)=[1+(x+y+1)^2(19-14x+3x^2-14y+6xy+3y^2)]\times[30+(2x-3y)^2(18-32x+12x^2+48y-36xy+27y^2)] \quad (2-22)$$

搜索范围 $|x|\leq 2$，$|y|\leq 2$；全局最优值 $\min(f7)=f7(0,-1)=3$，具体空间特征见图 2.7。

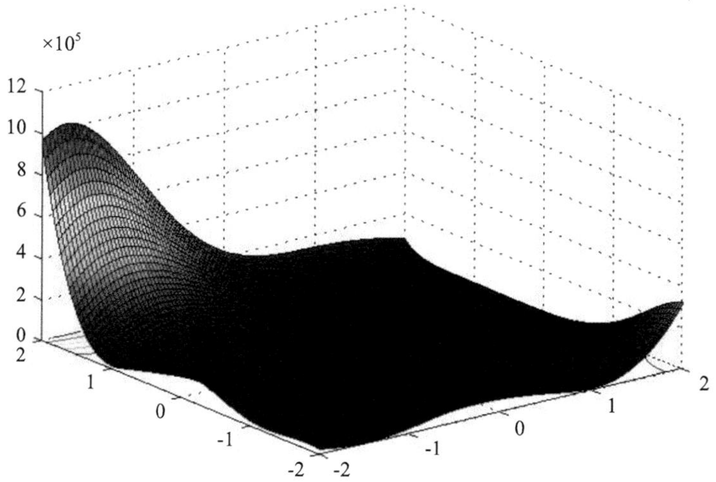

图 2.7 Goldstein-Price Function 的空间特征

4. 比较实验

最近的研究表明，PSO 算法可以超越遗传算法（GA）和其他许多优化问题的现有算法。Shilane 等详细提出了一个评估算法统计性能的总体框架。[57]针对上述各种标准测试函数，为了比较新算法的性能，我们将蝙蝠算法与 PSO 算法进行比较。在使用 Matlab 实施这些算法之后，为了进行有意义的统计分析，每一种算法至少运行了 50 次，循环次数设定为 1000 次，分别记录其最优值、最差值、平均值的计算结果，实验结果如表 2.1 所示。

此外，我们尝试变换蝙蝠种群的数量 n，使用了 $n=5$，10，15，20，50，100，150，250。模拟中我们发现，n 取 15 至 50 对于大多数优化问题效果良好。因此，我们在所有仿真模拟中使用固定值 $n=40$，其中，$\alpha=\gamma=$

0.9，α类似于模拟退火算法中冷却进程表中的冷却因素，参数的选择需要进行试验。初始化时，随机给出每只蝙蝠所发出的响度和脉冲速率值。粒子群算法有许多变种算法，如平均算法比标准粒子群算法更好用。[58]然而，标准粒子群算法是目前为止使用最普遍的算法。因此，我们使用标准粒子群算法来做比较。PSO 算法参数设置采用文献[59]推荐的设置值：$w=0.729$，$c1=c2=1.49445$。

表 2.1 蝙蝠算法（BA）与粒子群算法（PSO）的实验结果

函数	算法	最优值	最差值	平均值
f_1	PSO	-176.5418	-176.5412	-176.5415
	BA	-176.5418	-176.5418	-176.5418
f_2	PSO	-0.99999	-0.99667	-0.99966
	BA	-1	-0.99687	-0.99999
f_3	PSO	0.398	0.398	0.398
	BA	0.398	0.398	0.398
f_4	PSO	0.2400	0.2394	0.2399
	BA	0.2400	0.2400	0.2400
f_5	PSO	-1.0316	-1.0316	-1.0316
	BA	-1.0316	-1.0316	-1.0316
f_6	PSO	0.436	0.4367	0.4362
	BA	0.436	0.436	0.436
f_7	PSO	3	3.0003	3.0001
	BA	3	3	3

从表 2.1 我们可以看到，BA 在寻找全局最优时是更有效的，成功率较高，蝙蝠算法明显优于粒子群算法，每个函数的计算在个人电脑上可以瞬间完成。蝙蝠算法一方面吸取现有算法的优点，另一方面结合了蝙蝠惊人的回声定位能力。如果我们使 $A_i=0$ 及 $r_i=1$ 替换频率的变化，那么蝙蝠算法本质上就是标准粒子群算法。同样，如果我们使用固定响度和速率，如 $A_i=r_i=0.7$，由于波长（频率）的改变实质上是音高的改变，蝙蝠算法此时就是和声算法。蝙蝠算法和粒子群算法一样采用种群的方式进行搜索，这使得它可以同时搜索待优化目标函数解空间中的多个区

域。另外，需要在个性和社会性之间寻找平衡，也就是说，既希望个体具有个性化，又希望其指导其他个体已经找到的好解并向它们学习，即社会性。

2.3.2 一种动态调整惯性权重的自适应蝙蝠算法

本节从基本蝙蝠算法的速度更新公式入手，在速度项前加入一个随机惯性权重，这不仅使种群代与代之间具有随机性，也使每一代内的蝙蝠个体具有随机性。考虑蝙蝠种群在捕猎过程中的速度变化规律，设计速度纠正因子函数，函数值随着迭代次数的增加逐渐减小，这有利于前期快速探索搜索空间、后期局部深度挖掘。在上述理论基础下，通过大量仿真实验，反复调整参数，最终使改进后算法具有较好的寻优性能。

1. 算法的基本思想

蝙蝠算法是 Yang 教授在 2010 年提出的，算法模型简单，参数少，通用性强，性能优于很多以往的群智能优化算法，如蚁群算法、粒子群算法。蝙蝠算法和其他群智能优化算法一样，也存在一些缺陷。通过分析蝙蝠算法的基本原理和数学模型，发现算法中蝙蝠个体当前移动速度直接影响蝙蝠的移动位置，同时蝙蝠当前的移动速度又受上一代蝙蝠移动速度的影响。分析蝙蝠算法速度更新基本公式（2-2），发现蝙蝠上一代速度前系数始终为 1，这在算法前期不利于快速探索整个搜索空间，在算法后期不利于局部深度精确搜索。当算法陷入局部极值时，恒定的速度项系数也不利于跳出局部极值，降低了蝙蝠个体的灵活性以及蝙蝠种群的多样性，导致算法前期搜索效率降低、后期易早熟收敛、全局搜索和局部搜索不均衡。针对这个问题，本节利用均匀分布和贝塔分布的特性，构造了动态随机惯性权重，使每一代蝙蝠个体的速度都具有一定的随机性，在前期能够使种群快速分布在整个搜索空间，在后期算法陷入局部极值时，随机的速度增加了算法跳出局部极值的机会。根据群智能优化算法中粒子个体在整个搜索过程中的速度变化规律，[60] 设计了速度纠正因子函数，对蝙蝠个体随机速度加以约束，使算法具有一定的自适应性，提高了改进后算法的稳定性。基于上述改进优化思想，本节提出一种动态调整惯性权重的自适应蝙蝠算法（an adaptive bat algorithm with dynamically adjusting inertia weight, DAWBA）。仿真实验结果表明，改进后的算法寻优性能显著提高，具有较快的收敛速度和寻优精度。

2. 算法的改进策略

（1）构造随机惯性权重

从蝙蝠算法中的基本公式（2-2）可以看出，速度项系数恒定为 1，大大降低了蝙蝠的灵活性以及蝙蝠种群的多样性，并且导致算法的全局搜索和局部搜索不均衡。为了解决这个问题，国内外学者做了许多相关优化改进，如王文等人[61]提出了一种动态改变惯性权重的策略，即非线性地减小 ω 的取值，惯性权重表示为：

$$\omega(t)=\omega_{min}+(\omega_{max}-\omega_{min})\cdot\exp\left[-\rho\left(\frac{t}{T_{max}}\right)^2\right] \tag{2-23}$$

式中，ω_{min}和 ω_{max}为 $\omega(t)$ 的最小值和最大值，T_{max}为算法的最大迭代次数，$1<\rho<T_{max}$。$\omega(t)$ 在前期数值较大，加快了算法前期的搜索速度，前期种群的大范围搜索快速定位到局部最优解，后期在局部最优解附近进行深度搜索，从而加快了算法的整体收敛速度。但是，从公式（2-23）可以看出，虽然递减的惯性权重赋予算法前期较大的速度，后期较小的速度，但惯性权重是由种群迭代次数 t 来决定的，即每一代内蝙蝠种群的惯性权重依然一样，忽略了每一代内所有蝙蝠的速度依旧恒定不变的问题。和基本蝙蝠算法一样，种群中的每一代蝙蝠个体依然缺乏多样性。这些不足会造成算法的迭代次数增加，收敛速度变慢。为了解决这个问题，受到 Chen Zhen 等人[62]的启发，本节设计了一种随机的惯性权重，具体表达式为

$$\omega=\omega_{max}-(\omega_{max}-\omega_{min})*rand()-\tau*betarnd() \tag{2-24}$$

式中，ω_{max}和 ω_{min}为 ω 的最大值和最小值，τ 为惯性偏离因子，$\tau\in[0.1, 0.9]$，*rand*（）为在［0，1］上服从均匀分布的随机数，*betarnd*（）为服从贝塔分布所产生的随机数[63]，其分布覆盖率包含了从均匀分布到正态分

布以及各种不对称分布，即取值在（0，1）上的概率模式。惯性权重 ω 表达式中第二项通过 *rand*（）以相同的概率赋予（$\omega_{max}-\omega_{min}$）系数，从而使 ω 随机的在［$\omega_{min}, \omega_{max}$］上取值，最后一项中利用贝塔分布对 ω 进行偏离，从而使惯性权重的取值分布更均匀，也更灵活。在 *betarnd*（）前加入 τ（惯性偏离因子）是为了控制 ω 的偏离程度，使随机取值更合理。总的来说，这样的惯性权重不仅使蝙蝠种群的速度在代与代之间具有随机性，也使每一代内蝙蝠个体的速度具有随机性。这增强了每一代内蝙蝠种群的多样性，一定程度地改善了蝙蝠算法收敛速度慢、易陷入局部极值等问题。算法加入动态随机惯性权重后的速度更新公式变为

$$v_i^t=\omega * v_i^{t-1}+（x_i^{t-1}-x_*）\cdot f_i \tag{2-25}$$

（2）构造速度纠正因子

动态随机惯性权重赋予了每一代蝙蝠个体随机的速度值，使每一代蝙蝠的速度具有很强的随机性，也使每一代蝙蝠的移动步长具有很强的随机性。这样可能会导致蝙蝠每一代的移动都太过“随意”，为了使算法在迭代过程中能够有一定的自适应性同时更加稳定，特加入速度纠正因子函数，表达式如下：

$$c_i(t)=1-\frac{t}{T_{max}+rand（）} \tag{2-26}$$

算法加入速度纠正因子函数后的位置更新公式变为

$$x_i^t=x_i^{t-1}+c_i(t) * v_i^t \tag{2-27}$$

式中，t 为算法的迭代次数，T_{max} 为算法设定的最大迭代次数。$c_i(t) \in (0, 1)$，$c_i(t)$ 随着迭代次数的增加而逐渐减小，这有利于前期全局搜索，后期局部深度挖掘。[60]加入速度纠正因子函数之后，算法根据迭代次数动态地约束每一代太过“随意”移动的蝙蝠个体，使每只蝙蝠的移动速度和位置不仅具有一定的随机性，而且也具有稳定性，同时使改进后的蝙蝠算法具有一定的自适应性。

3. 改进后算法的流程

步骤 1：随机初始化蝙蝠种群个体数 N，声波频率的最小值 f_{min} 和最大

值f_{max}，蝙蝠的速度v_i，蝙蝠的位置x_i，蝙蝠发出超声波的强度A_i^t和脉冲发射频率r_i。

步骤2：根据适应度函数$f(x)$，$x=(x_1, x_2, x_3, \cdots, x_N)^T$，求出每只蝙蝠的适应度函数值，并找出当前最优的解。记录当前最优解蝙蝠的位置为x_*。

步骤3：根据公式（2-1）、公式（2-2）、公式（2-3）、公式（2-5）更新蝙蝠的速度和位置。

步骤4：产生一个随机数$rand$，如果$rand>r_i$，那么利用公式（2-4）在最优解附近产生一个局部新解。

步骤5：产生一个随机数$rand$，如果$rand<A^t \& f(x_i)<f(x_*)$，那么就把步骤4所产生的新解记为当前最优解，更新强度A_i^t和脉冲发射频率r_i。

步骤6：把种群中蝙蝠个体的适应度值进行排序，筛选出这一代的最优位置x_*。

步骤7：重复步骤2到步骤6的迭代过程，直到求出满足精度要求的解或算法达到设定的最大迭代次数。

步骤8：输出全局最优解。

4. 实验及结果分析

为了全面测试本书提出的一种动态调整惯性权重的自适应蝙蝠算法（DAWBA）的寻优性能，本书选取了15个常用的经典测试函数[64,65]与基本蝙蝠算法（BA）[66]、非线性递减惯性权重的蝙蝠算法（NLDWBA）进行对比测试。这15个测试函数各具特点，既有单峰函数，也有多峰函数，它们在空间中的图形各不相同，求解难度有差异。既能测试算法的寻优精度，也能测试算法的收敛速度。

具体测试函数如下：

（1）Sphere函数

$$f_1(x) = \sum_{i=1}^{n} x_i^2$$

该函数在（0，…，0）处取得最小值0。

（2） Ronsenbrock 函数

$$f_2(x) = \sum_{i=1}^{n} [100(x_{i+1} - x_i^2)^2 + (x_i - 1)^2]$$

该函数在（1，…，1）处取得最优值 0。

（3） Griewank 函数

$$f_3(x) = 1 + \frac{1}{4000}\sum_{i=1}^{n} x_i^2 - \prod_{i=1}^{n}\cos(\frac{x_i}{\sqrt{i}})$$

该函数在（0，0）处取得最小值 0。

（4） Hansen 函数

$$f_4(x) = \sum_{i=1}^{n} i \cdot \cos[(i - 1) \cdot x_1 + i] \cdot \sum_{j=1}^{n} j \cdot \cos[(j + 1) \cdot x_2 + j]$$

该函数在(−7. 589893，−7. 708314)、(−7. 589893，−1. 425128)、(−1. 306708，−7. 708314)、(−1. 306708，4. 858057)、(4. 976478，−7. 708314)、(4. 976478，4. 858057)处取得最小值−176. 5418。

（5） Schwefel's problem 2. 22 函数

$$f_5(x) = \sum_{i=1}^{n} |x_i| + \prod_{i=1}^{n} |x_i|$$

该函数在（0，…，0）处取得最小值 0。

（6） Ackley's 函数

$$f_6(x) = -20\exp(-0.2\sqrt{\frac{1}{n}\sum_{i=1}^{n} x_i^2}) - \exp[\frac{1}{n}\sum_{i=1}^{n}\cos(2\pi x_i)] + 20 + e$$

该函数在（0，…，0）处取得最小值 0。

（7） Branin 函数

$$f_7(x) = (x_2 - \frac{5.1}{4\pi}x_1^2 - 6)^2 + 10 \cdot (1 - \frac{1}{8\pi})\cos x_1 + 10$$

该函数在（3. 14，12. 275）、（3. 14，2. 275）、（9. 42478，2. 475）处取得最小值 0. 39789。

（8）Rastrigin 函数

$$f_8(x) = \sum_{i=1}^{n} [x_i^2 - 10\cos(2\pi x_i) + 10]$$

该函数在（0，…，0）取得最优值 0。

（9）Six-Hump Camel-Back 函数

$$f_9(x) = 4x_1^2 - 2.1x_1^4 + \frac{x_1^6}{3} + x_1x_2 - 4x_2^2 + 4x_2^4$$

该函数在（-0.0898，0.7126）和（0.0898，-0.7126）处取得最优值-1.0316。

（10）Goldstein-Price 函数

$$f_{10}(x) = [1+(x_1+x_2+1)^2 \cdot (19-14x_1+3x_1^2-14x_2+6x_1x_2+3x_2^2)] \times [30+(2x_1-3x_2^2)^2 \cdot (18-32x_1+12x_1^2+48x_2^2-36x_1x_2+27x_2^2)]$$

该函数在（0，-1）处取得最优值 3。

（11）Booth's 函数

$$f_{11}(x) = (x_1+2x_2-7)^2 + (2x_1+x_2-5)^2$$

该函数在（1，3）处取得最优值 0。

（12）Easom 函数

$$f_{12}(x) = -\cos(x_1)\cos(x_2)\exp\{-[(x_1-\pi)^2+(x_2-\pi)^2]\}$$

该函数在（π，π）处取得最小值-1。

（13）Bukin 函数

$$f_{13}(x) = 100\sqrt{|x_2-0.01x_1^2|} + 0.01|x_1+10|$$

该函数在（-10，1）处取得最小值 0。

（14）Matyas 函数

$$f_{14}(x) = 0.26(x_1^2+x_2^2) - 0.48x_1x_2$$

该函数在（0，0）处取得最小值 0。

（15）Three-hump camel 函数

$$f_{15}(x) = 2x_1^2 - 1.05x_1^4 + \frac{x_1^6}{6} + x_1x_2 + x_2^2$$

该函数在（0，0）处取得最小值 0。

在这 15 个测试函数中，$f_1(x)$、$f_2(x)$、$f_{11}(x)$、$f_{12}(x)$、$f_{14}(x)$

为单峰函数，其余为多峰函数，其中f_3（x）、f_6（x）、f_8（x）的空间图像如下所示。

从图 2.8 至图 2.10 可以看出，f_3（x）、f_6（x）和f_8（x）的局部极值非常多，容易使算法陷入局部极值，全局最优值很难被找到。因此，15 个测试函数都有一定的求解难度，适合测试算法的寻优性能。

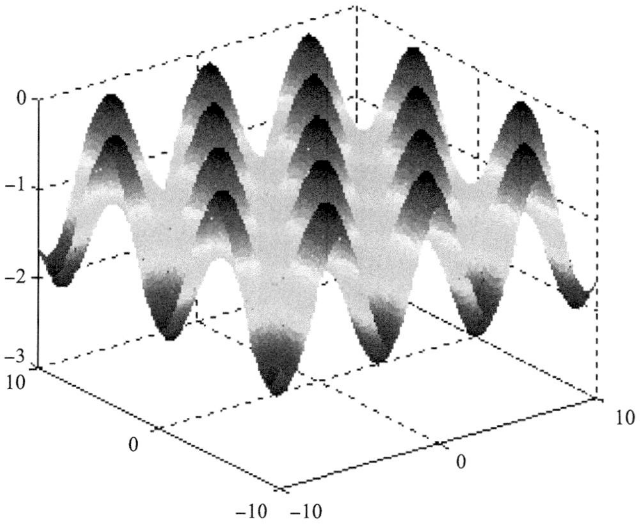

图 2.8 f_3（x）的空间图像

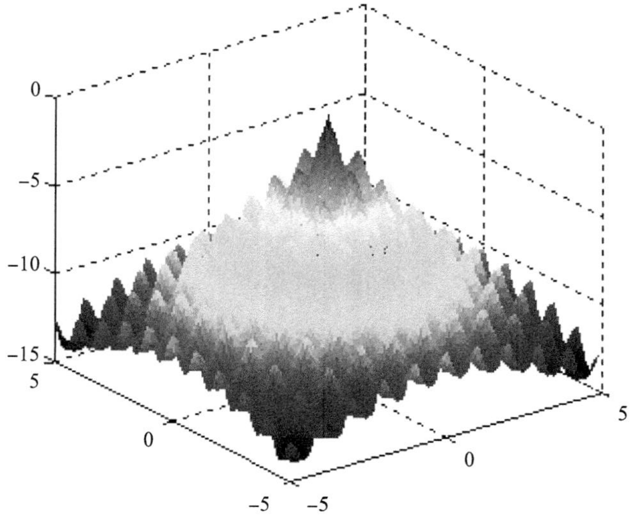

图 2.9 f_6（x）的空间图像

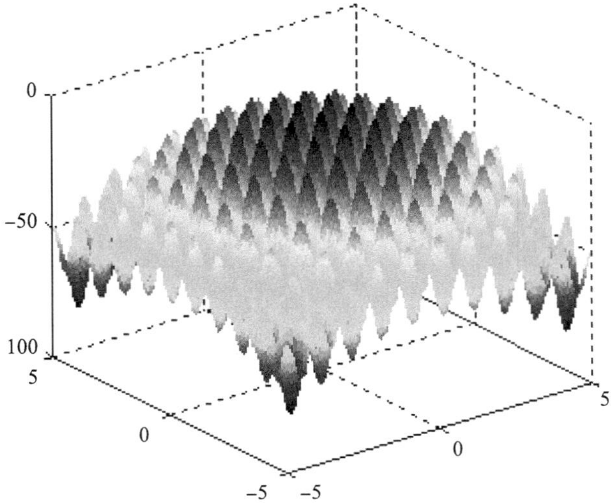

图 2.10 $f_8(x)$ 的空间图像

为了保证测试的客观性和公正性，三种算法的参数设置基本一致，参数具体设置如下：种群规模 $N=40$，声波频率最小值 $f_{\min}=0$，最大值 $f_{\max}=2$，强度最小值 $A_{\min}=0$，最大值 $A_{\max}=0.25$，脉冲发射频率最大值 $r_0=0.5$，算法的最大迭代次数为 1000 代。对于每个测试函数，每种算法独立运行 50 次。为了进一步证明本书提出算法的优越性，统计了 3 种算法运行 15 个测试函数的最差解、最优解和平均值，并加粗了精度最高的解，具体实验结果如表 2.2 所示。

表 2.2 寻优精度对比分析

函数	算法	最差解	最优解	平均值
f_1	BA	3.822e-08	1.350e-08	2.956e-08
	NLDWBA	8.930e-10	4.050e-10	6.273e-10
	DAWBA	2.791e-10	6.224e-11	4.628e-11
f_2	BA	0.004881	0.002792	0.003350
	NLDWBA	2.644e-06	1.492e-06	2.501e-06
	DAWBA	8.757e-08	7.089e-08	9.762e-08

续表

函数	算法	最差解	最优解	平均值
f_3	BA	4. 167e-09	3. 106e-09	3. 441e-09
	NLDWBA	7. 707e-10	1. 185e-10	2. 557e-10
	DAWBA	2. 564e-11	1. 307e-11	2. 185e-11
f_4	BA	-176. 5418	-176. 5418	-176. 5418
	NLDWBA	-176. 5418	-176. 5418	-176. 5418
	DAWBA	-176. 5418	-176. 5418	-176. 5418
f_5	BA	0. 000416	0. 000201	0. 000263
	NLDWBA	5. 622e-05	2. 753e-05	3. 046e-05
	DAWBA	1. 837e-05	1. 680e-05	1. 751e-05
f_6	BA	0. 000377	0. 000128	0. 000301
	NLDWBA	5. 193e-05	4. 474e-05	6. 735e-05
	DAWBA	3. 329e-05	1. 544e-05	2. 803e-05
f_7	BA	0. 39789	0. 39789	0. 39789
	NLDWBA	0. 39789	0. 39789	0. 39789
	DAWBA	0. 39789	0. 39789	0. 39789
f_8	BA	5. 039e-12	8. 046e-13	2. 824e-12
	NLDWBA	2. 993e-12	1. 401e-12	1. 914e-12
	DAWBA	1. 296e-13	7. 105e-15	1. 954e-14
f_9	BA	-1. 0316	-1. 0316	-1. 0316
	NLDWBA	-1. 0316	-1. 0316	-1. 0316
	DAWBA	-1. 0316	-1. 0316	-1. 0316
f_{10}	BA	3	3	3
	NLDWBA	3	3	3
	DAWBA	3	3	3
f_{11}	BA	7. 365e-10	1. 747e-10	3. 557e-10
	NLDWBA	4. 363e-12	2. 517e-12	3. 958e-12
	DAWBA	6. 429e-13	1. 011e-13	2. 667e-13

续表

函数	算法	最差解	最优解	平均值
f_{12}	BA	-1	-1	-1
	NLDWBA	-1	-1	-1
	DAWBA	-1	-1	-1
f_{13}	BA	0.17249	0.12524	0.14531
	NLDWBA	0.13354	0.09895	0.00715
	DAWBA	0.11945	0.02428	0.08580
f_{14}	BA	2.824e-11	4.905e-12	1.401e-11
	NLDWBA	1.026e-12	3.032e-13	7.380e-13
	DAWBA	3.594e-15	1.627e-15	2.564e-15
f_{15}	BA	2.488e-10	9.306e-11	1.218e-10
	NLDWBA	3.183e-12	1.502e-12	2.351e-12
	DAWBA	5.638e-13	4.387e-14	9.597e-14

由表2.2可以看出，对于测试函数$f_4(x)$、$f_7(x)$、$f_9(x)$、$f_{10}(x)$、$f_{12}(x)$三种算法均能够找到最优解，寻优精度无差别。但对于其余测试函数，本书提出的一种动态调整惯性权重的自适应蝙蝠算法（DAWBA）的最差解、最优解以及平均值的精度均明显高于基本蝙蝠算法（BA）和非线性递减惯性权重的蝙蝠算法（NLDWBA）。证明了改进后算法的收敛精度比其他两种算法有明显的提高。

算法的收敛曲线直接反映了算法的收敛速度和算法跳出局部极值的能力，是衡量算法性能的重要指标，本节把测试函数分为均能被三种算法找到全局最优解的函数、单峰函数和多峰函数三组。分别分析三种算法的收敛性能。

根据上文的实验结果可知，三种算法对测试函数$f_4(x)$、$f_7(x)$、$f_9(x)$、$f_{10}(x)$、$f_{12}(x)$均能够找到全局最优解，下面分析三种算法运行这5个测试函数的收敛曲线，见图2.11至图2.15。

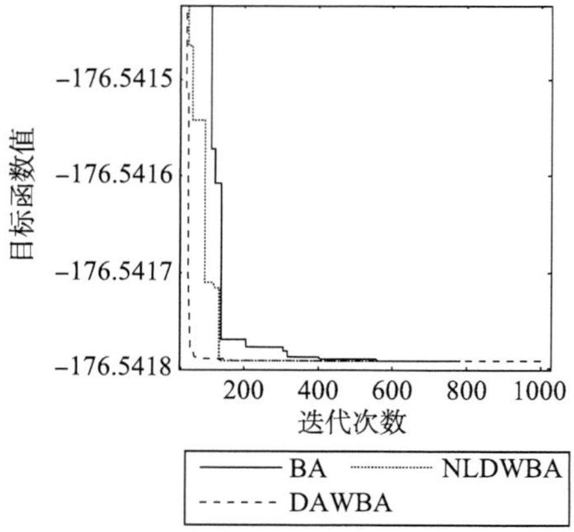

图 2.11 Hansen 函数的收敛曲线

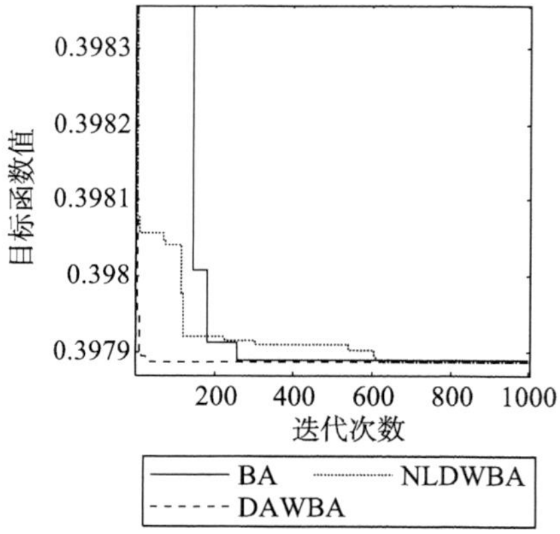

图 2.12 Branin 函数的收敛曲线

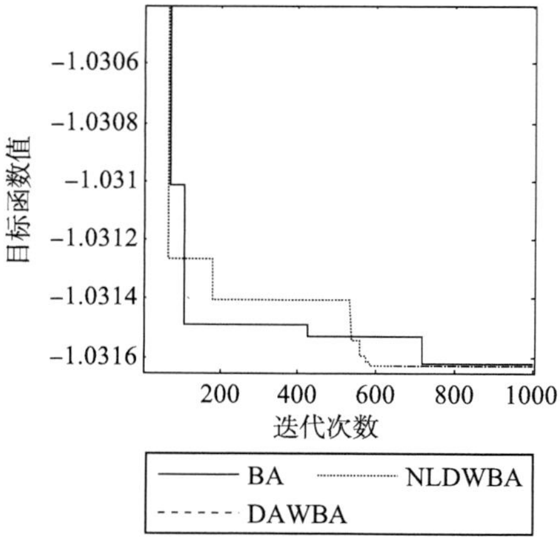

图 2.13 Six-Hump Camel-Back 函数的收敛曲线

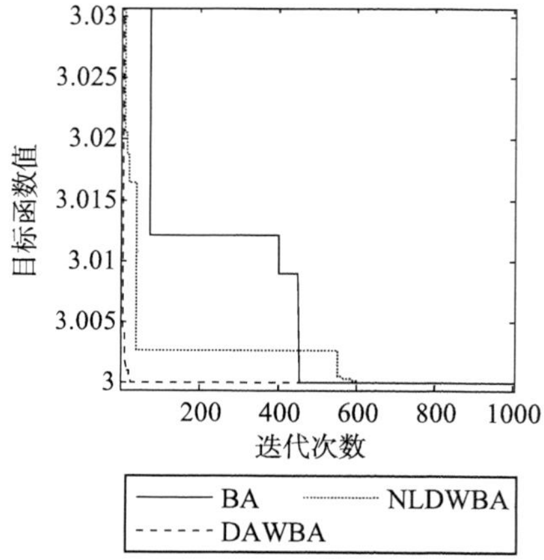

图 2.14 Goldstein-Price 函数的收敛曲

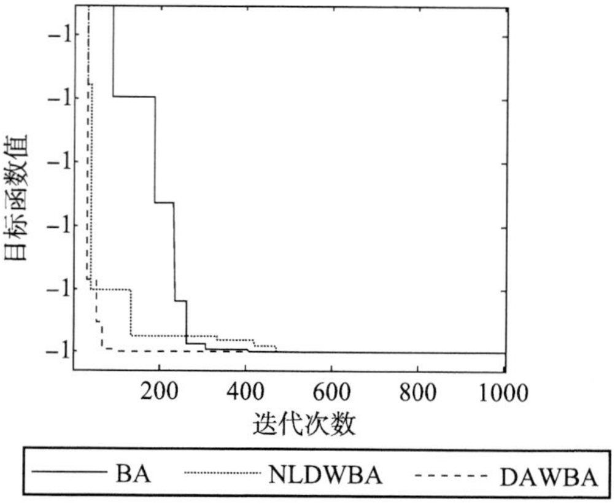

图 2.15 Easom 函数的收敛曲线

对于函数f_4（x）、f_7（x）、f_9（x）、f_{10}（x）、f_{12}（x），虽然三种算法均能顺利找到全局最优解，但分析它们的寻优曲线（图2.11至图2.15）发现，改进后的蝙蝠算法（DAWBA）在图中出现拐点的次数较少。这说明改进后的算法陷入局部极值的次数少于其他两种算法，并且改进后的蝙蝠算法（DAWBA）在40~100代就能够最终收敛，收敛速度远快于另外两种算法。

函数f_1（x）、f_2（x）、f_{11}（x）、f_{14}（x）为单峰函数，三种算法的收敛曲线见图2.16至图2.19。

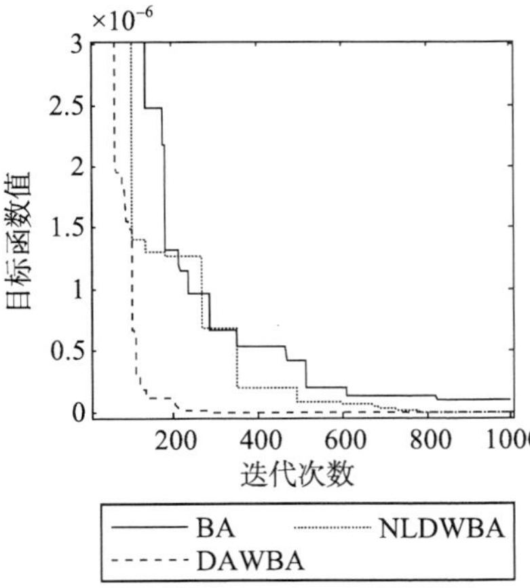

图2.16　Sphere函数的收敛曲线

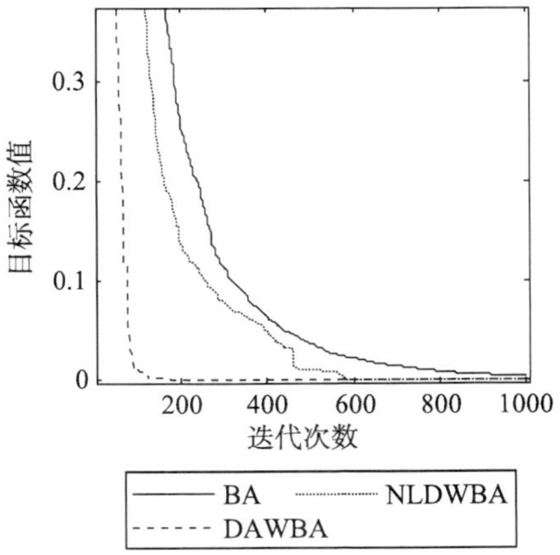

图2.17　Ronsenbrock函数的收敛曲线

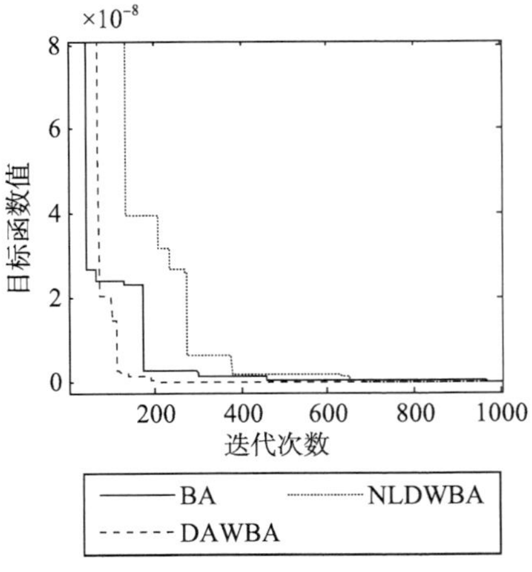

图2.18　Booth's函数的收敛曲线

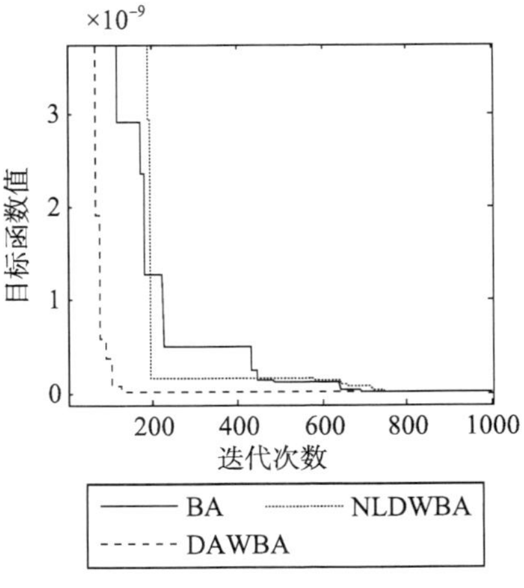

图2.19　Matyas函数的收敛曲线

从图 2. 16 至图 2. 19 可以看出，改进后的蝙蝠算法（DAWBA）出现拐点的次数少于另外两种算法，并且能够在 100~300 代内最终收敛，而其他两种算法在 600~1000 代才能最终收敛。

函数 $f_3(x)$、$f_5(x)$、$f_6(x)$、$f_8(x)$、$f_{13}(x)$、$f_{15}(x)$ 为多峰函数，三种算法的收敛曲线见图 2. 20 至图 2. 25。

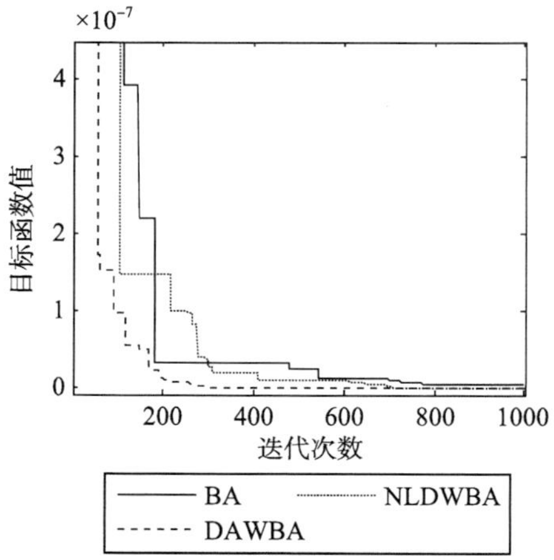

图 2. 20　Griewank 函数的收敛曲线

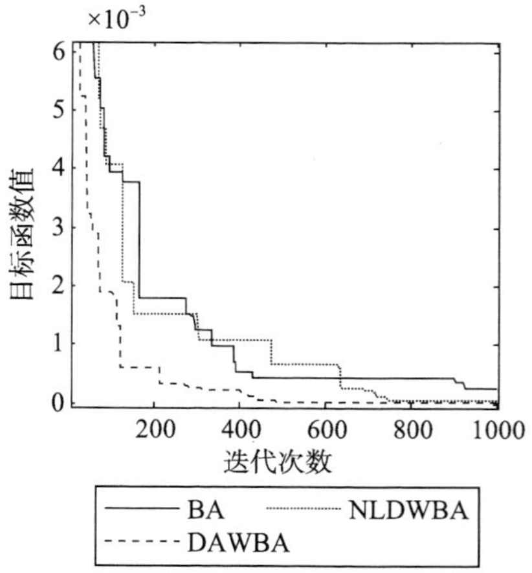

图 2. 21　Schwegel's problem2. 22 函数的收敛曲线

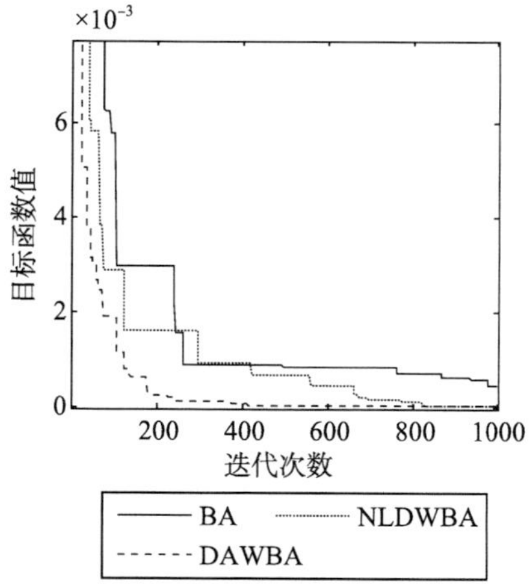

图 2. 22　Ackley's 函数的收敛曲线

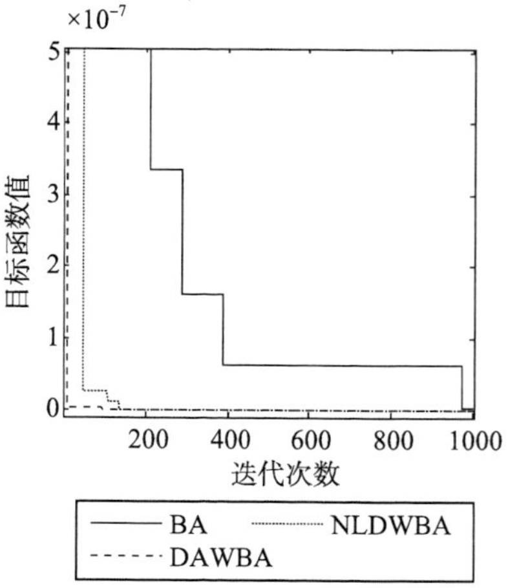

图 2. 23　Rastrigin 函数的收敛曲线

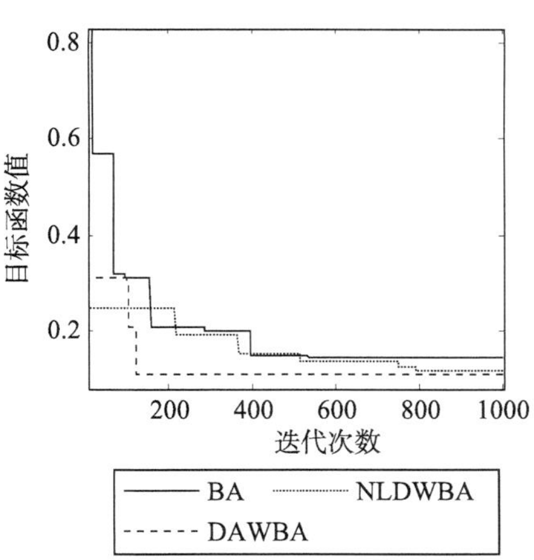

图 2.24 Bukin 函数的收敛曲线

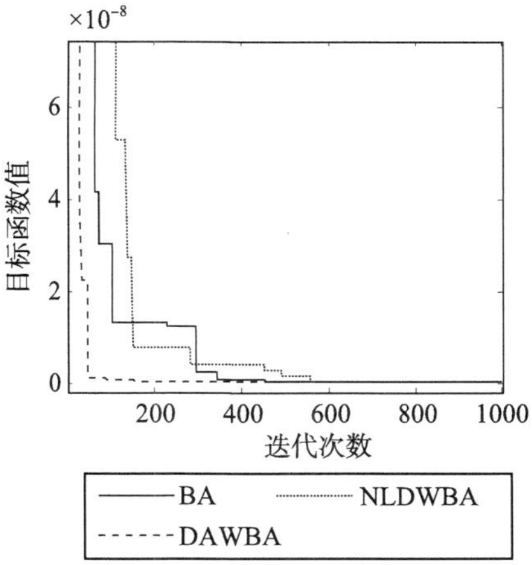

图 2.25 Three-hump camel 函数的收敛曲线

多峰函数存在许多局部极小值，算法容易早熟收敛，极难找到全局最优解。从图 2.20 至图 2.25 可以看出改进后的算法出现拐点的次数少于另外两种算法，即陷入局部极值的次数少于另外两种算法；同时，改进后的蝙蝠算法（DAWBA）能够在短时间内跳出局部极值，继续快速向下收敛。

综上所述，改进后的蝙蝠算法（DAWBA）很少出现震荡现象，且均有较快的收敛速度。这是因为随机的惯性权重使每一代内的蝙蝠速度不同，降低了算法陷入局部极值的概率；同时当算法后期陷入局部极值时，速度纠正因子函数可根据实时情况，约束蝙蝠个体的移动速度，从而能够快速跳出局部极值。两者相互配合使改进后的蝙蝠算法能够快速向下收敛。

2.3.3 融合均匀变异与高斯变异的蝙蝠优化算法

本节主要研究种群的移动方式，新加入两种变异移动方式，同时为了使原有的移动方式与新加入的移动方式能够相互配合、同时运行，设计了变异开关函数，该函数控制蝙蝠个体是否发生变异。在算法前期部分蝙蝠个体进行均匀变异，其余按照原有方式移动，两种方式的结合，加快了种群搜索最优解区域的速度。在算法后期部分蝙蝠个体进行高斯变异，高斯变异能够使种群跳出局部极值，继续深度搜索。三种移动方式相结合提高了种群移动方式的多样性。仿真表明，改进后算法在不同维数下的寻优性能均有大幅度提高。

1. 算法的主要思想

通过分析蝙蝠算法的基本理论和数学模型发现，随着算法迭代次数的增加，蝙蝠种群越来越靠近局部最优解。种群聚集现象在算法后期比较严重，蝙蝠的速度逐渐减小并趋于 0，这导致了算法后期易陷入局部极值而停滞不前，降低了算法整体的收敛速度和寻优精度。这种现象是由于蝙蝠算法缺乏避免陷入局部极值的机制和有效跳出局部极值的方法所造成的。为了解决这个问题，本节在基本蝙蝠算法中融入了均匀变异和高斯变异两种变异机制，利用均匀变异和高斯变异的特性，使算法能够在前期快速探索整个搜索空间，后期能够在局部极值附近深度搜索，旨在提高算法的寻优精度和收敛速度。同时还设计了变异开关函数，控制蝙蝠个体是否进行变异移动，使变异合理地发生在整个寻优过程中。基于上述改进优化思想，本节提出一种融合均匀变异与高斯变异的蝙蝠优化算法（Bat optimal algorithm combined uniform mutation with Gaussian mutation，UGBA）。仿真结果表明，改进后的算法寻优性能显著提高，具有较快的收敛速度和较高的收敛精度。

2. 算法的改进策略

（1）变异开关函数

设置变异开关函数的目的是使种群中的所有蝙蝠个体都有机会发生变异移动，从而使算法在整个寻优过程中都能够保持较高的活跃性。在算法运行过程中，如果满足变异条件，则对当前蝙蝠个体进行变异操作。变异开关函数表达式如下：

$$switch(i)=\varphi+\mu*\frac{e^{\left[\frac{n(i-1)}{N}\right]}-1}{e^{n}-1}+rand-1 \tag{2-28}$$

式中，n 为函数的维数，N 为蝙蝠的种群规模。如果 $0<switch(i)<1$，就对第 i 只蝙蝠进行变异操作。经仿真发现，当 $\varphi\in[0.4,0.6]$、$\mu\in[0.1,0.5]$ 时，种群中约有 1/2 的蝙蝠会发生变异，此时算法的寻优性

能最佳。在算法的整个搜索过程中，每只蝙蝠都有机会发生变异，这种机制打破了传统的只在算法后期对全局最优个体进行变异[67]的界限。图 2.26 为一次 40 只蝙蝠的 *switch*（*i*）值的变化情况。

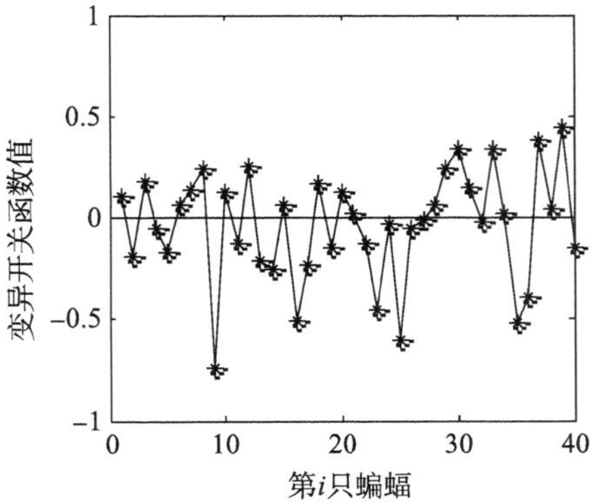

图 2.26 触发函数值的变化规律

从图 2.26 中可以看出，种群中大约有 1/2 的蝙蝠会发生变异。这些发生变异的蝙蝠个体分散在算法的任何搜索阶段，增强了种群在整个寻优过程中的活跃性和多样性。

为了验证 *switch*(*i*) 是否影响算法的寻优性能，设计了原有算法（UGBA）与删除了 *switch*(*i*) 的算法 UGBA Without *switch*(*i*)（WS）分别运行 5 个测试函数[64,71]（维数 $n=30$）。两种算法分别运行 5 个测试函数各 50 次，取平均值进行比较，结果如表 2.3 所示。

表 2.3 UGBA 与 WS 的仿真结果

算法	函数				
	$f_1(x)$	$f_2(x)$	$f_3(x)$	$f_4(x)$	$f_5(x)$
UGBA	5.661e−90	5.215e−15	0	2.224e−20	0
WS	6.318e−15	2.935e−07	6.215e−12	7.917e−17	7.917e−17

为了能够更直观地反映删除 *switch*(*i*) 前后的收敛情况，本书选取 UGBA 与 WS 运行函数 $f_1(x)$ 的收敛曲线进行对比，如图 2.27 所示。

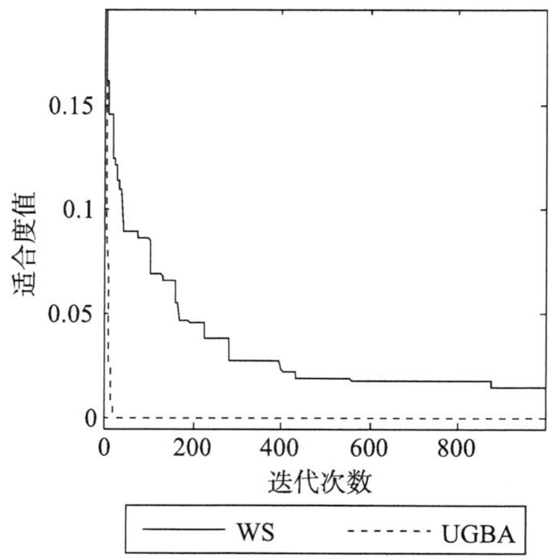

图 2.27　UGBA 与 WS 运行 $f_1(x)$ 的收敛曲线

从表 2.3 和图 2.27 中可以看出，删除了 *switch*(i) 之后，算法的收敛精度和收敛速度大幅下降，算法陷入局部最优解的次数明显增多，证明了 *switch*(i) 能够提高算法的寻优性能。

（2）变异过程分析

蝙蝠算法的寻优过程可以分为两个阶段，即前期探索搜索空间和后期在局部最优解附近深度挖掘全局最优解。基本蝙蝠算法在搜索前期利用声波频率来控制蝙蝠个体的移动速度和位置，能够按部就班地探索搜索空间。但一个参数控制种群的移动速度和位置缺乏多样性，探索速度还有待提高，在后期深度挖掘过程中，种群速度逐渐趋于 0，出现种群聚集现象，导致算法进入“假死”状态，既耗费时间又没有实际搜索结果，降低了算法的寻优效率。针对上述问题，受鲁姝颖[68]启发，将均匀变异与高斯变异融入蝙蝠算法的整个寻优过程。在算法前期，蝙蝠种群中有一部分蝙蝠个体满足上一节设计的变异开关函数的变异条件，利用均匀变异大步向最优解区域移动，其余蝙蝠继续按照原来的移动方式向最优解区域靠近。两种移动方式的结合，加快了种群搜寻最优解区域的速度，缩短了前期搜索的迭代次数并减少了算法陷入局部极值的次数。利用均匀变异移动的位置更新公式如下：

$$x_i(t) = (1+\tau) * x_i(t), \ rand \leqslant (1-\frac{t}{T_{\max}}) \tag{2-29}$$

式中，τ 是在［0，1］上服从均匀分布的随机变量。在算法后期，对满足变异条件的蝙蝠个体进行高斯变异。高斯分布的概率密度函数图像关于期望对称，函数曲线下约99.8%的面积在期望左右三倍标准差的范围内，即所得的随机数集中在以期望为中心的局部区域。因此，高斯分布变异可以使蝙蝠个体在当前最优解附近产生小幅度的变异，在后期算法停滞时，使算法能够跳出局部极值，继续向下收敛，提高了算法的寻优精度。本节根据高斯分布概率密度函数构造了高斯变异函数［Gaussian Mutation Function，$GMF_i(t)$］，具体函数表达式如下：

$$GMF_i(t) = \frac{1}{\sqrt{2\pi}\sigma} e^{(-\frac{(x_* - x_i^t)^2}{2\sigma^2})} \tag{2-30}$$

式中，x_* 表示当前全局最优解，σ 表示高斯分布标准差。在算法后期，x_* 像磁铁一样，把整个蝙蝠种群都吸向自己，造成算法陷入局部极值，停滞不前。这时通过 $GMF_i(t)$ 的扰动，种群能够脱离当前全局最优解 x_* 的吸引，提高了算法后期跳出局部极值的能力，也减少了陷入局部极值的次数。利用高斯变异移动的位置更新公式如下：

$$x_i(t) = GMF_i(t) * x_i(t), \ rand > (1-\frac{t}{T_{\max}}) \tag{2-31}$$

从公式（2-29）和公式（2-31）可以看出均匀变异和高斯变异分别嵌入了算法的前期和后期，两者互相配合协作，不仅加快了算法向最优解区域靠近的速度，而且提高了算法跳出局部极值的能力和寻优精度。综上所述，两种变异的融入提高了蝙蝠算法的寻优性能。

3. 算法流程

步骤1：随机初始化蝙蝠种群 $x_i(i=1, 2, \cdots, N)$，声波频率的最小值 $f_{\min}$ 和最大值 $f_{\max}$，蝙蝠的速度 v_i，蝙蝠发出的超声波强度 A_i^t 和脉冲发射频率 r_i。

步骤2：根据目标函数 $f(x)$，$x=(x_1, x_2, \cdots, x_N)^T$，求出每只蝙蝠的目标函数值，并找出当前最优的值。记录最优值蝙蝠的位置为 x_*。

步骤 3：根据公式（2-28）判断蝙蝠个体是否变异，如果 $0<switch(i)<1$，跳转到步骤 4，否则跳转到步骤 5。

步骤 4：根据公式（2-29）、公式（2-30）、公式（2-31）进行变异操作。

步骤 5：蝙蝠个体根据公式（2-29）、公式（2-30）更新其速度和位置。

步骤 6：把通过步骤 4 和步骤 5 更新出来的蝙蝠个体 x_i 带入目标函数并求其函数值，如果 $f(x_i)<f(x_*)$，那么就把记 x_i 记作当前最优位置 x_*。

步骤 7：产生一个随机数 $rand$，如果 $rand>r_i$，那么利用公式（2-31）在最优解附近产生一个局部新解 x_{new}。

步骤 8：产生一个随机数，如果 $rand<A_i \& f(x_{new})<f(x_*)$，那么就把步骤 7 产生的新解记为当前最优解 x_*。然后按照公式（2-5）、公式（2-6）更新强度 A_i^t 和脉冲发射频率 r_i。

步骤 9：把种群中蝙蝠个体的适应度值进行排序，筛选出这一代的最优值 x_*。

步骤 10：重复步骤 3 到步骤 9 的迭代过程，直到求出满足精度要求的解或算法达到设定的最大迭代次数。

步骤 11：输出全局最优解。

4. 数值仿真与分析

为了测试改进后算法的寻优性能，设计了仿真实验，本书选取基本蝙蝠算法（BA）[66]、Improved bat algorithm based on differential operator and Lévy flights trajectory（DLBA）[69] 和 Improved bat algorithm（IBA）[70] 与本书提出的融合均匀变异和高斯变异的蝙蝠算法（UGBA）通过 9 个经典测试函数[64,71] 进行对比仿真。

具体测试函数如下：

（1）Sphere 函数

$$f_1(x)=\sum_{i=1}^{n}x_i^2$$

该函数在（0，⋯，0）处取得最小值 0。

（2） Schwefel's problem 2.22 函数

$$f_2(x)=\sum_{i=1}^{n}|x_i|+\prod_{i=1}^{n}|x_i|$$

该函数在（0，…，0）处取得最优值0。

（3） Griewank 函数

$$f_3(x)=1+\frac{1}{4000}\sum_{i=1}^{n}x_i^2-\prod_{i=1}^{n}\cos\left(\frac{x_i}{\sqrt{i}}\right)$$

该函数在（0，…，0）处取得最小值0。

（4） Ackley's 函数

$$f_4(x)=20+e-20\exp\left(-0.2\sqrt{\frac{1}{n}\sum_{i=1}^{n}x_i^2}\right)-\exp\left[\frac{1}{n}\sum_{i=1}^{n}\cos(2\pi x_i)\right]$$

该函数在（0，…，0）处取得最小值0。

（5） Rastrigin 函数

$$f_5(x)=\sum_{i=1}^{n}\left[x_i^2-10\cos(2\pi x_i)+10\right]$$

该函数在（0，…，0）处取得最小值0。

（6） Ronsenbrock 函数

$$f_6(x)=\sum_{i=1}^{n-1}\left[100(x_{i+1}-x_i^2)^2+(x_i-1)^2\right]$$

该函数在（1，…，1）处取得最小值0。

（7） *Booth's* 函数

$$f_7(x)=(x_1+2x_2-7)^2+(2x_1+x_2-5)^2$$

该函数在（1，3）处取得最小值0。

（8） Easom's 函数

$$f_8(x)=-\cos(x_1)\cos(x_2)\exp\{-[(x_1-\pi)^2+(x_2-\pi)^2]\}$$

该函数在（π，π）处取得最小值-1。

（9） Six-Hump Camel-Back 函数

$$f_9(x)=4x_1^2-2.1x_1^4+\frac{x_1^6}{3}+x_1x_2-4x_2^2+4x_2^4$$

该函数在（-0.0898，0.7126）和（0.0898，-0.7126）处取得最小值-1.0316。

在这 9 个测试函数中，$f_1(x)$、$f_2(x)$、$f_7(x)$ 和 $f_8(x)$ 为单峰函数，其中，$f_2(x)$ 的全局最优解被局部极值环绕，很难找到全局最优解。$f_3(x)$、$f_4(x)$、$f_5(x)$、$f_6(x)$、$f_9(x)$ 为多峰函数，其中，$f_3(x)$ 和 $f_4(x)$的局部极值非常多，$f_5(x)$ 的局部极值数量随着维数的增加而增加。9 个测试函数有单峰函数也有多峰函数且最优解分布各具特点，都有一定的求解难度，因此适合测试算法的寻优性能。

5. 寻优精度分析

算法的收敛速度和寻优精度会随着问题维数的增加而衰减，为了测试改进后算法（UGBA）的寻优性能和在不同复杂度问题的上适用性，实验将函数的维数分别设置为 $n=10$、30、50、100。四种算法在不同维数下运行 9 个测试函数。四种算法基本参数保持一致，保证了实验的公平与客观。即种群规模为 $N=40$，声波强度 $A_0=0.25$，脉冲发射频率 $r_0=0.5$，参数 $\alpha=0.9$。四种算法的最大迭代次数均设置为 1000 代。实验中，四种算法分别在不同的维数上运行 9 个测试函数各 50 次，实验获得了较多的数据样本，保证了实验的有效性。分别统计不同维数下四种算法的最差解、最优解和平均值。

具体仿真结果如表 2.4 至表 2.12 所示。

表 2.4　4 种算法对 f_1 的仿真结果

维数	算法	最差解	最优解	平均值
10	BA	5.903e-07	1.732e-07	3.290e-07
	DLBA	3.157e-20	2.030e-20	2.614e-20
	IBA	4.567e-21	5.217e-22	1.029e-21
	UGBA	0	0	0
30	BA	8.069e-06	3.418e-06	4.901e-06
	DLBA	5.597e-18	1.957e-18	3.669e-18
	IBA	5.997e-19	4.234e-19	4.579e-19
	UGBA	8.375e-90	3.657e-90	5.661e-90

续表

维数	算法	最差解	最优解	平均值
50	BA	2. 074e-05	1. 076e-05	1. 460e-05
	DLBA	3. 914e-16	1. 021e-16	2. 091e-16
	IBA	7. 917e-17	5. 267e-17	6. 914e-17
	UGBA	9. 411e-86	6. 197e-86	8. 232e-86
100	BA	7. 663e-04	3. 680e-04	5. 060e-04
	DLBA	4. 319e-14	2. 034e-14	3. 109e-14
	IBA	5. 391e-15	1. 009e-15	4. 134e-15
	UGBA	3. 253e-80	2. 158e-81	8. 341e-81

表 2.5　4 种算法对 f_2 的仿真结果

维数	算法	最差解	最优解	平均值
10	BA	0. 002851	0. 001016	0. 001743
	DLBA	7. 834e-15	5. 792e-15	6. 797e-15
	IBA	6. 637e-15	2. 167e-15	3. 457e-15
	UGBA	5. 035e-20	2. 413e-20	3. 495e-20
30	BA	0. 079594	0. 012655	0. 072501
	DLBA	5. 121e-13	3. 114e-13	4. 015e-13
	IBA	2. 171e-13	8. 124e-14	9. 491e-14
	UGBA	8. 526e-15	3. 679e-15	5. 215e-15
50	BA	2. 557401	0. 647940	1. 540100
	DLBA	5. 214e-10	1. 281e-10	3. 994e-10
	IBA	2. 147e-10	2. 014e-10	2. 013e-10
	UGBA	3. 021e-12	1. 512e-12	2. 236e-12
100	BA	4. 309401	2. 804021	3. 560981
	DLBA	9. 124e-08	6. 249e-08	7. 183e-08
	IBA	5. 215e-08	1. 027e-08	3. 019e-08
	UGBA	7. 024e-10	4. 697e-10	5. 516e-10

表 2.6 4 种算法对 f_3 的仿真结果

维数	算法	最差解	最优解	平均值
10	BA	3.561e-08	1.703e-08	2.501e-08
	DLBA	6.840e-15	2.172e-15	4.934e-15
	IBA	7.101e-15	5.631e-15	6.251e-15
	UGBA	0	0	0
30	BA	7.421e-07	1.368e-07	3.201e-07
	DLBA	3.471e-14	1.204e-14	2.019e-14
	IBA	4.521e-14	2.049e-14	3.343e-14
	UGBA	0	0	0
50	BA	1.117e-06	3.559e-07	5.871e-07
	DLBA	7.154e-11	2.114e-11	4.919e-11
	IBA	5.104e-12	2.242e-12	3.661e-12
	UGBA	0	0	0
100	BA	3.306e-06	1.283e-06	2.312e-06
	DLBA	3.112e-09	8.179e-10	1.091e-09
	IBA	4.121e-10	3.142e-10	3.317e-10
	UGBA	0	0	0

表 2.7 4 种算法对 f_4 的仿真结果

维数	算法	最差解	最优解	平均值
10	BA	1.868e-05	8.312e-05	1.501e-05
	DLBA	7.214e-19	2.157e-19	4.527e-19
	IBA	4.354e-20	2.927e-20	3.561e-20
	UGBA	5.817e-22	3.472e-22	4.537e-22
30	BA	5.131e-05	3.201e-05	2.831e-05
	DLBA	6.147e-17	2.891e-17	4.617e-17
	IBA	5.617e-18	2.927e-18	4.657e-18
	UGBA	4.524e-20	2.224e-20	3.312e-20
50	BA	3.314e-04	1.413e-04	2.330e-04
	DLBA	8.147e-14	5.781e-14	6.149e-14
	IBA	5.279e-14	2.472e-14	3.671e-14
	UGBA	6.452e-16	2.151e-16	4.025e-16

续表

维数	算法	最差解	最优解	平均值
100	BA	3.845e-03	1.540e-03	2.671e-03
	DLBA	4.172e-11	3.427e-11	3.661e-11
	IBA	9.141e-12	5.237e-12	6.631e-12
	UGBA	7.985e-12	4.316e-12	5.253e-12

表 2.8　4 种算法对 f_5 的仿真结果

维数	算法	最差解	最优解	平均值
10	BA	1.972e-10	3.553e-11	6.790e-10
	DLBA	9.157e-14	5.148e-14	7.541e-14
	IBA	5.781e-15	3.678e-15	4.497e-15
	UGBA	0	0	0
30	BA	5.687e-08	2.417e-08	3.678e-08
	DLBA	7.915e-12	3.918e-12	5.678e-12
	IBA	5.913e-13	2.914e-13	4.289e-13
	UGBA	0	0	0
50	BA	5.218e-06	2.189e-06	4.827e-06
	DLBA	7.934e-10	2.394e-10	5.917e-10
	IBA	5.694e-11	2.891e-11	4.957e-11
	UGBA	0	0	0
100	BA	5.264e-04	3.217e-04	4.251e-04
	DLBA	4.165e-08	2.657e-08	3.457e-08
	IBA	5.921e-09	2.924e-09	4.657e-09
	UGBA	0	0	0

表 2.9　4 种算法对 f_6 的仿真结果

维数	算法	最差解	最优解	平均值
10	BA	8.621e-08	9.645e-09	5.264e-08
	DLBA	9.818e-12	3.424e-12	6.868e-12
	IBA	5.799e-13	8.795e-14	3.125e-13
	UGBA	9.425e-15	5.678e-15	6.969e-15

续表

维数	算法	最差解	最优解	平均值
30	BA	2. 294e-06	2. 502e-07	1. 630e-06
	DLBA	4. 326e-10	1. 234e-10	2. 315e-10
	IBA	9. 120e-11	2. 196e-11	4. 098e-11
	UGBA	4. 149e-13	1. 754e-13	2. 537e-13
50	BA	6. 124e-04	2. 516e-04	4. 159e-04
	DLBA	5. 681e-08	2. 597e-08	3. 645e-08
	IBA	5. 627e-09	2. 768e-09	4. 016e-09
	UGBA	5. 391e-12	2. 991e-12	3. 617e-12
100	BA	0. 081567	0. 035925	0. 56912
	DLBA	4. 159e-06	2. 036e-06	3. 624e-06
	IBA	5. 128e-07	2. 697e-07	3. 691e-07
	UGBA	9. 427e-10	5. 291e-10	7. 549e-10

表 2. 10　4 种算法对 f_7 的仿真结果

维数	算法	最差解	最优解	平均值
10	BA	4. 542e-09	1. 047e-09	2. 367e-09
	DLBA	7. 626e-14	3. 849e-14	5. 125e-14
	IBA	5. 124e-15	1. 982e-15	3. 491e-15
	UGBA	5. 214e-17	3. 159e-17	4. 060e-17
30	BA	3. 426e-07	1. 854e-07	2. 521e-07
	DLBA	7. 526e-13	1. 249e-13	4. 662e-13
	IBA	3. 131e-14	2. 302e-14	2. 737e-14
	UGBA	2. 898e-14	1. 775e-14	1. 972e-14
50	BA	9. 364e-06	5. 218e-06	6. 656e-06
	DLBA	4. 906e-11	3. 368e-11	4. 001e-11
	IBA	3. 021e-12	1. 512e-12	2. 236e-12
	UGBA	5. 018e-13	8. 569e-14	2. 472e-13
100	BA	4. 309e-04	2. 804e-04	3. 560e-04
	DLBA	1. 746e-09	4. 142e-09	3. 176e-09
	IBA	6. 022e-10	3. 791e-10	4. 526e-10
	UGBA	9. 465e-11	5. 641e-11	7. 054e-11

表 2.11　4 种算法对 f_8 的仿真结果

维数	算法	最差解	最优解	平均值
10	BA	1	1	1
	DLBA	1	1	1
	IBA	1	1	1
	UGBA	1	1	1
30	BA	1	1	1
	DLBA	1	1	1
	IBA	1	1	1
	UGBA	1	1	1
50	BA	1	1	1
	DLBA	1	1	1
	IBA	1	1	1
	UGBA	1	1	1
100	BA	1	1	1
	DLBA	1	1	1
	IBA	1	1	1
	UGBA	1	1	1

表 2.12　4 种算法对 f_9 的仿真结果

维数	算法	最差解	最优解	平均值
10	BA	-1.0316	-1.0316	-1.0316
	DLBA	-1.0316	-1.0316	-1.0316
	IBA	-1.0316	-1.0316	-1.0316
	UGBA	-1.0316	-1.0316	-1.0316
30	BA	-1.0316	-1.0316	-1.0316
	DLBA	-1.0316	-1.0316	-1.0316
	IBA	-1.0316	-1.0316	-1.0316
	UGBA	-1.0316	-1.0316	-1.0316

续表

维数	算法	最差解	最优解	平均值
50	BA	-1.0316	-1.0316	-1.0316
	DLBA	-1.0316	-1.0316	-1.0316
	IBA	-1.0316	-1.0316	-1.0316
	UGBA	-1.0316	-1.0316	-1.0316
100	BA	-1.0316	-1.0316	-1.0316
	DLBA	-1.0316	-1.0316	-1.0316
	IBA	-1.0316	-1.0316	-1.0316
	UGBA	-1.0316	-1.0316	-1.0316

由表 2.4 至表 2.12 可以看出，在相同维数下，UGBA 的寻优精度明显高于 BA、DLBA 和 IBA。在不同维数下，对于函数 $f_1(x)$、$f_2(x)$、$f_4(x)$、$f_6(x)$ 和 $f_7(x)$，BA、DLBA、IBA 和 UGBA 的寻优精度随着维数的增加而降低，但 UGBA 的收敛精度仍明显高于 BA、DLBA 和 IBA。对于函数 $f_3(x)$ 和 $f_5(x)$，UGBA 的寻优精度并没有随着维数的增加而衰减，始终可以找到相应函数的全局最优解。对于函数 $f_8(x)$ 和 $f_9(x)$，四种算法在不同维数下均能找到全局最优解。仿真结果表明，在 10 维、30 维、50 维和 100 维的测试函数上，改进后的蝙蝠算法（UGBA）均表现出了广泛的适应性，充分证明了改进后蝙蝠算法（UGBA）的收敛精度有很大的提高。

6. 收敛曲线分析

算法的收敛曲线是衡量算法性能的重要指标。下面给出四种算法在维数 $n=30$ 下的 9 个测试函数的收敛曲线，见图 2.28 至图 2.34。

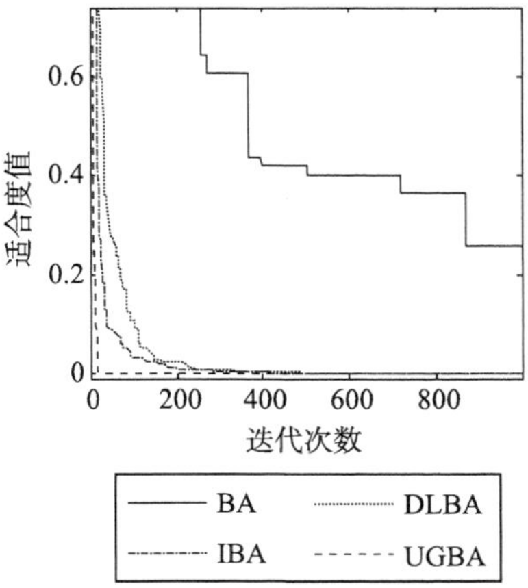

图 2.28 Sphere 函数的收敛曲线

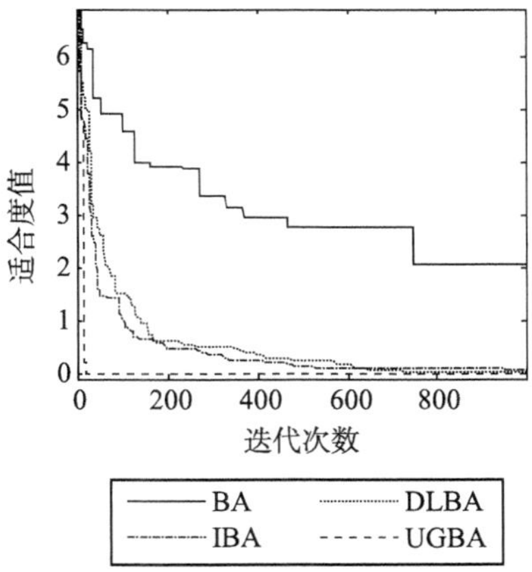

图 2.29 Schwefel's problem2.22 函数的收敛曲线

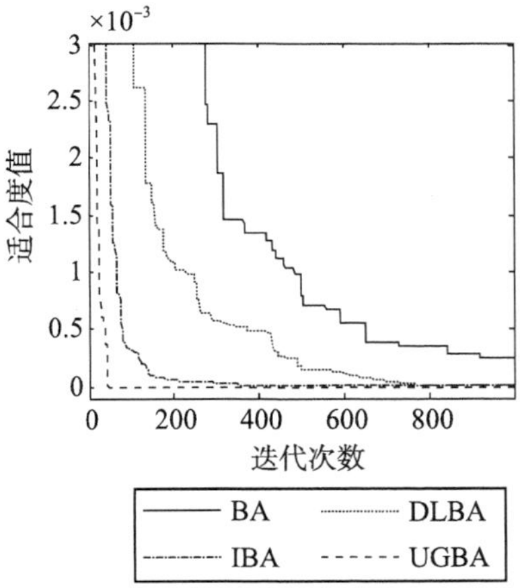

图 2.30 Griewank 函数的收敛曲线

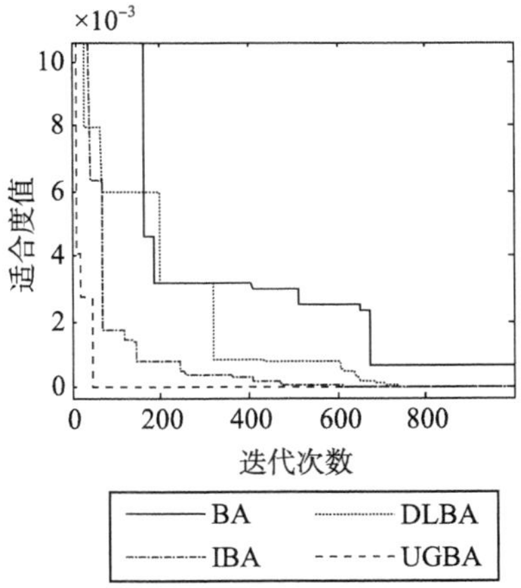

图 2.31 Ackley's 函数的收敛曲线

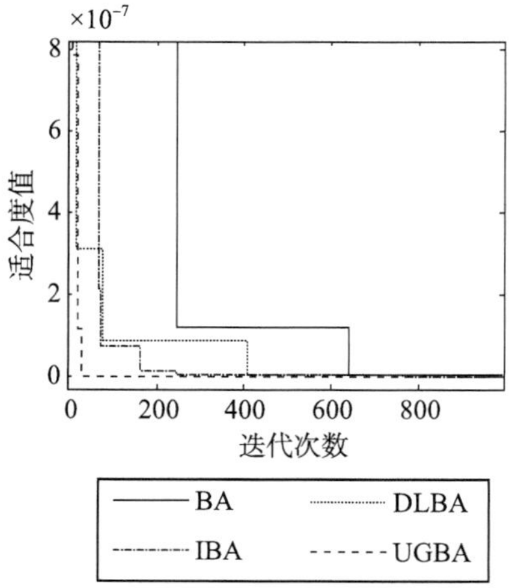

图 2.32 Rastrigin 函数的收敛曲线

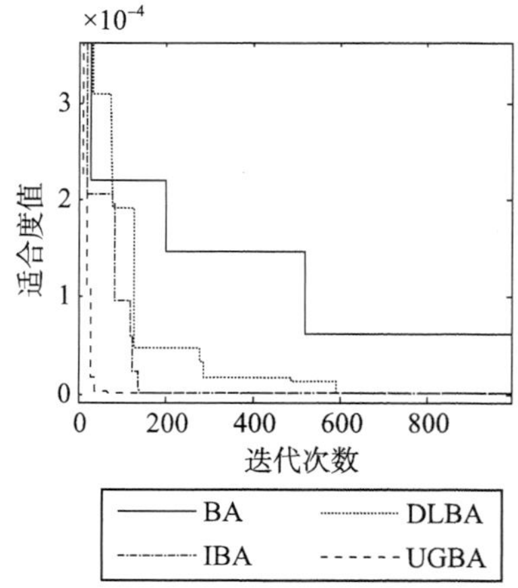

图 2.33 Ronsenbrock 函数的收敛曲线

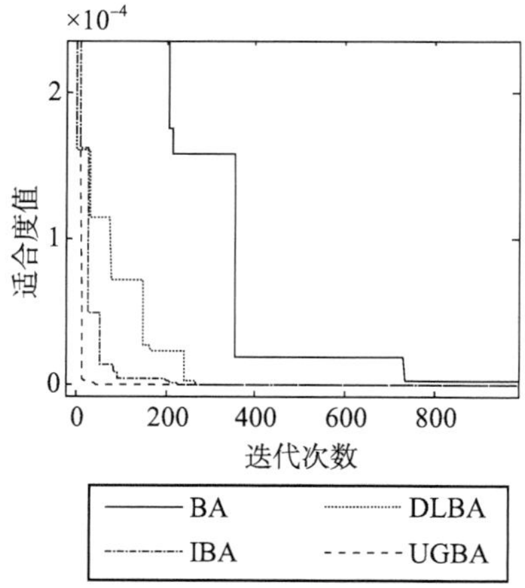

图 2.34 Booth's 函数的收敛曲线

从图 2.28 至图 2.34 可以看出，UGBA 的收敛曲线几乎垂直向下，很少出现拐点，而其他三种算法的收敛曲线呈现阶梯形或者曲线形，说明 UGBA 陷入局部极值的次数少于其他三种算法。UGBA 在 50 代之内就能够最终收敛，而其他三种算法在 300~1000 代才能最终收敛，说明 UGBA 的收敛速度快于其他三种算法。

根据上一节的仿真结果可知，对于函数 $f_8(x)$ 和 $f_9(x)$，四种算法均能找到全局最优解，下面分析这两个函数的收敛曲线。

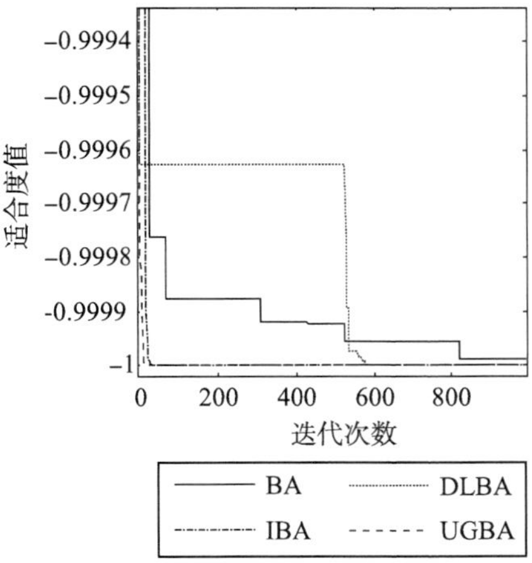

图 2.35　Easom's 函数的收敛曲线

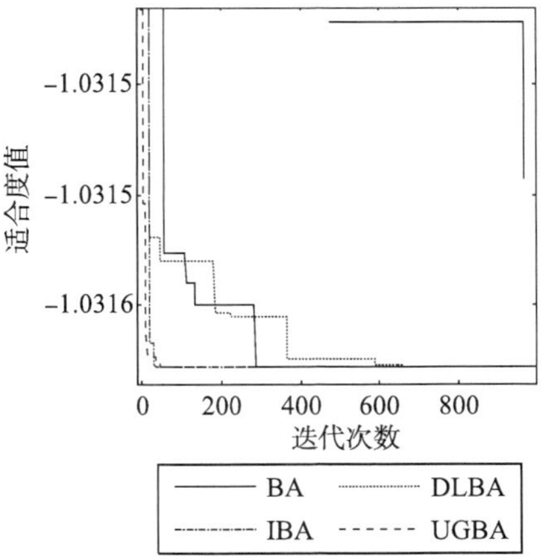

图 2.36　Six-Hump Camel-Back 函数的收敛曲线

从图 2.35 和图 2.36 中可以看出，UGBA 出现拐点的次数远少于 BA 和 DLBA，收敛速度远快于 BA 和 DLBA，UGBA 和 IBA 的收敛曲线几乎重合，收敛速度稍快于 IBA。总体来说，UGBA 的收敛速度快于其他三种算法。

分析四种算法的收敛曲线发现，UGBA 的收敛曲线形态接近垂直向下，出现弧形和阶梯形的次数明显少于其他三种算法。这是因为，算法根据变异开关函数在前期利用均匀变异能够快速收敛到最优解区域，在后期利用高斯变异跳出局部极值并在局部最优附近进行深度挖掘，快速收敛到全局最优解。

2.3.4　混合蝙蝠算法

1. 引言

在基本蝙蝠算法中，由于蝙蝠群体初始化和进化过程的随机性，使得蝙蝠位置和速度的更新带有一定的盲目性，存在局部优化能力差和早熟收敛等缺点，为解决以上不足，本节将混沌搜索引入算法中，提出一种混合蝙蝠算法（Choas Bat Algorithm，CBA）。利用蝙蝠算法寻找全局最优解，并利用混沌搜索进行局部搜索，实现全局探索和局部开发能力的平衡，避免基本蝙蝠算法陷入局部极值。

混沌是非线性系统中较为普遍的一种现象，混沌运动具有遍历性、随机性、规律性等特点，[72-74]能不重复地、均匀地遍历整个搜索空间。这些特性使得混沌优化能有效避免陷入局部极值，同时实验表明其具有较好的优化潜力。将混沌优化引入蝙蝠算法中，对当前最优位置利用混沌搜索进行优化，对可能陷入局部最优的个体位置进行扰动，改变其寻优轨迹，跳出局部极值，提高搜索的效率和质量。从而，有利于提高搜索的效率和质量，有利于全局优化。

2. 混沌及其特点

（1）混沌定义及其特征

一般将由确定性方程得到的具有随机性的运动状态称为混沌，混沌现象广泛存在于自然界和社会现象当中，如气候变化、动物身上的纹饰等都会出现混沌，在各类学科中，如数学、物理、化学、生物、地理、哲学、经济学中同样存在混沌现象，是非线性系统中一种较为普遍的现象。[75-77]混沌行为复杂且具有随机性，但又存在精确的内在规律性。由于混沌的遍历性，利用混沌变量进行搜索会比盲目无序地随机搜索更具有优越性。原先遵从简单物理规律的有序运动形态，在某种条件下，突然从预期的规律偏离而变成了一种无序的形态是它的特点。在混沌系统中，非常小的不确定性的作用会以指数增长的方式被放大，如此一来系统的行为将无法预测。混沌不是简单的无序，而是非周期性的且不具备其他明显对称特征的有序状态。它的随机性具有某种根本的几何形式。在理想情况下，混沌状态具有无穷的内部结构，且满足所谓标度不变性。[53]

混沌运动具有随机性、规律性、遍历性和敏感性等特点。规律性指的是混沌是由确定的迭代方程产生的。混沌是确定性非周期流，非周期流是指混沌轨道代表系统的一种定态行为，而非过渡过程中的暂态行为，但它没有周期性，也不是准周期运动；而非周期性就是无规则性，混沌性是类似随机性的无规则运动。当控制参数进入混沌区域后，系统所走轨迹没有规则，它的运动类似于布朗运动。但混沌运动又与通常所说的随机运动有所不同，因为混沌是由完全确定性的方程描述的，是确定性系统内自身产生的随机性，而像布朗运动这类随机运动，描述它的方程形式都有外在随机性，如或者有反映随机力的外作用项，或者控制参数是随机的，或者初始条件是随机的。混沌是由确定性方程得到的具有随机性的运动状态，其遍历特性使混沌变量能在一定范围内按自身规律不重复地遍历所有状态。

利用混沌运动的特点可以进行优化搜索。[76] 其基本思想是，首先产生一组与优化变量相同数目的混沌变量，用类似于载波的方式，将混沌引入优化变量使其呈现混沌状态，同时把混沌运动的遍历范围放大到优化变量的取值范围，然后直接利用混沌变量搜索。由于混沌运动具有以上特点，基于混沌的搜索技术无疑会比其他搜索技术更具有优越性。

（2）Logistic 方程

Logistic 方程是一个典型的混沌系统，其表达式为：

$$S_{k+1}=aS_k(1-S_k) \qquad (k=0, 1, 2, \cdots, 0\leqslant a\leqslant 4) \tag{2.32}$$

式中，a 为控制参数。从形式上来看，Logistic 方程十分简单，如果将方程左边看作 y，方程右边看作 x，上述表达式则被改写成 $y=ax(1-x)$，就是中学课本中的抛物线，但当 a 取到一定值时，系统便进入了混沌区，从而产生混沌现象。Logistic 映射是一个二维的单峰映射，常被作为极为简单的非线性动态方程引起复杂、混沌行为的例子。1976 年，因为生物学家罗伯特·梅的研究而出名，而这个方程最先是由皮埃尔·费尔哈斯（Pierre Francois Verhulst）用于研究离散时间上人口模型分析。

Logistic 方程经常被用来描述没有世代交叠的昆虫群体的繁殖演化，因此也被称为虫口模型（Insect Population），20 世纪初，人们用该方程描述虫口数变化，发现模型与实际数据相当切合，同时由于形式简单而没有进行更深入的研究，后由于混沌学兴起，人们发现了其中复杂且奥妙的混沌行为。式中，a 为控制参数，S 为虫口数状态变量，为第 k 代虫口数，从 Logistic 方程中可以知道，第 k 代的虫口数与第 $k+1$ 代的虫口数之间的关系，只要知道了第 k 代的虫口数量，就可以算出第 $k+1$ 代的虫口数量。Logistic方程可以作为离散系统混沌运动的典型。

3. 混沌蝙蝠算法

基于混沌运动能在一定范围内按其自身的规律不重复地遍历所有状态的特点，利用混沌优化进行局部搜索，改善优化性能。[78] 先将优化变量映射到混沌状态中，再把混沌运动的遍历范围逆映射到优化变量的搜索区间，利用混沌变量进行优化搜索。具体方法如下：假设 Lbest 表示当前最优位置，*Up* 表示上限，*Low* 表示下限，先将 Lbest 映射到［0，1］区间，即令 $t=(Lbest-Low)/(Up-Low)$，利用 Logistic 映射 $t'=\mu t(1-t)$ 产生混沌变量 t'，再逆映射到搜索区间，即 $Lbest'=Low+t'(Up-Low)$。其中，控制参数 $\mu=4$，系统完全处于混沌状态，有利于跳出局部最优，重复上述步骤一定次数直到函数值不再改进。

（1）算法流程

采用混沌序列初始化蝙蝠群体的位置和速度，既不改变蝙蝠优化算法初始时具有的随机性本质，[53] 又利用混沌体改变了种群多样性和蝙蝠搜索的遍历性，在产生大量初始群体的基础上，从中择优选出初始群体。以当前整个蝙蝠群体到目前为止搜索到的最优位置为基础产生混沌序列，用产生的混沌序列中的最优位置蝙蝠替代当前蝙蝠群中的一个蝙蝠的位置，引入混沌序列的搜索算法可在迭代中产生局部最优解的许多邻域点，以此帮助惰性蝙蝠逃离局部最小点，并快速搜寻到最优解。

算法的实现流程：

步骤 1：参数初始化，目标函数 $f(X)$，$X=(x_1, \cdots, x_d)^T$，初始化蝙蝠种群 X_i（$i=1, 2, \cdots, n$）和 V_i，脉冲频率 f_i *at* X_i，初始化脉冲速率 r_i 和声音响度 A_i。

步骤 2：混沌初始化蝙蝠的位置和速度。

a）随机产生一个 n 维每个分量数值在 0-1 之间的向量，$Z_1=(z_{11}, z_{12}, \cdots, z_{1n})$，$n$ 为目标函数中的变量个数，得到 N 个向量 Z_1，Z_2，$\cdots$，Z_N。

b）将 Z_j 的各个分量载波对应到对应变量的取值区间。

c）计算蝙蝠的适应度值，并从 N 个初始群体中选择性能较好的 M 个解作为初始解，随机产生 M 个初始速度。

步骤3：通过调整频率产生新的解并更改速度和位置。

$$f_i=f_{\min}+(f_{\max}-f_{\min})\beta,\ \beta\in[0,1]$$

$$V_i^t=V_i^{t-1}+(X_i^t-X^*)f_i,$$

$$X_i^t=X_i^{t-1}+V_i^t$$

步骤4：如果（rand>r_i）从最佳解集中选一个解，在选择的最佳解附近形成一个局部解。

步骤5：对最优位置Gbest＝（Gbest1，Gbest2，…，GbestD）进行混沌优化，将 $Lbest_i$，$i=1,2,\cdots,D$ 映射到Logistic方程的定义域［0，1］，$Z_i=\dfrac{Gbest_i-a_i}{b_i-a_i}$，$i=1,2,\cdots,D$。其中，$b_i$、$a_i$ 为第 i 个蝙蝠的上下边界值。然后用Logistic方程进行迭代产生混沌变量序列 $Z_i^{(m)}$（$m=1,2,\cdots$），再把产生的混沌变量序列通过映射 $Gbest_i^{(m)}=a_i+(b_i-a_i)Z_i^{(m)}$ 返回原解空间中，得 $Gbest^{(m)}=(Gbest_1^{(m)},Gbest_2^{(m)},\cdots,Gbest_D^{(m)})$（$m=1,2,\cdots$）。在原解空间对混沌变量经历的每一个可行解 $Gbest^{(m)}$ 计算其适应度，得到性能最优的可行解Gbest*。

步骤6：If［rand<A_i & $f(X_i)<f(X^*)$］，接受这个新的解Gbest*，增大 r_i 减小 A_i。

步骤7：排列蝙蝠并找到当前最佳 X^*。

步骤8：如未满足结束条件，则返回步骤2。

步骤9：输出全局最优位置。

（2）比较实验

为进一步验证改进蝙蝠算法的优化性能，采用5.5.1节给出的标准测试函数中前6个函数进行实验，并将其与基本蝙蝠搜索算法BA求解结果进行比较。模拟仿真环境为Windows XP操作系统，Intel处理器2.40GHz，1G内存，仿真软件Matlab7.0。

表 2.13 CBA 和 BA 算法的实验结果

函数	算法	最优值	最差值	平均值
*f*1	BA	2.2335	2.0347	2.1227
	CBA	2.3458	2.3458	2.3458
*f*2	BA	3599	3328	3592
	CBA	3600	3600	3600
*f*3	BA	1	8.1102e-05	0.6012
	CBA	1	0.398	0.9298
*f*4	BA	-18013	-1.9962	-1.9024
	CBA	-1.8013	-1.9962	-1.8763
*f*5	BA	1.0054	0.4618	0.8878
	CBA	1.0054	0.7863	0.9324
*f*6	BA	35.4623	28.3462	33.0154
	CBA	35.4623	28.3462	34.3613

由表 2.13 可知，就大多数测试函数而言，改进蝙蝠算法的求解精度有所提高。改进蝙蝠搜索算法在大多数情况下具有好的优化精度。全局探索和局部开发的能力对智能优化算法的优化性能有着极其重要的影响。全局探索主要目的是对解空间进行全面的搜索，希望发现更多的未知区域，而局部开发主要目的是对已知区域进行更为精细的搜索，希望获得质量更好的新解。尽管两者的最终目的都是希望找到全局最优解，但具体实现方法不同。而计算时间是有限的，因此会在如何利用有限的计算时间上产生矛盾。算法如果过多地进行全局搜索而削弱局部开发能力，在运行后期就会出现局部搜索能力不强和得到的解质量不高等问题。从智能优化算法的发展历史来看，任何一种新方法，一方面具有良好的优化潜力；另一方面探索和开发能力往往很难达到有效的平衡，有待进一步完善。蝙蝠算法作为一种新型智能优化算法同样如此。从现有研究文献来看，算法的全局探索能力较强，而局部开发能力较弱，无法实现全局优化。一个好的智能优化算法的关键在于全局探索和局部开发能力的平衡。大多数情况下，要求算法在执行的早期具有较好的全局探索能力，能够对解空间进行比较全面的搜索，而在算法执行的后期具有较好的局部开发能力，能够对已有区域进行比较精细的搜索。实现算法全局探索和局部开发能力平衡的方法有很多，需要根据算法自身的特点选择可行且有效的方法。

参考文献

[1] YANG X. A new metaheuristic bat-inspired algorithm [M]. Nature inspired cooperative strategies for optimization (NICSO 2010). Springer, 2010: 65-74.

[2] GOLDBERH D. Genetic Algorithms in search, optimization and machine learning, reading [M]. Mass.: Addison-Wesley, 1989.

[3] DORIGO M., MANIEZZO V., COLORNI A. The ant system: optimization by a colony of cooperating agents [J]. IEEE Transactions on Systems, Man, and Cybernetics-Part B, 1996, 26 (1): 29-41.

[4] EBERHART R., KENNEDY J. A new optimizer using particle swarm theory [C]. Proceedings of the 6th International Symposium on Micro-Machine and Human Seience, 1995.

[5] KENNEDY J., EBERHART R. Particle Swarm Optimization [C]. Proceedings of IEEE International Conference on Neural Networks, 1995.

[6] SHOR P. W. Algorithms for quantum computation: discrete logarithms and factoring [J]. Proceedings of the 35th Annual Symp. On Foundations of Computer Science, 1994 (11): 124-134.

[7] ADLEMAN L. M. Molecular computation of solutions to combinatorial problems [J]. SCIENCE, 1994, 266 (5187): 1021-1024.

[8] TEODOROVI CDVSA, DELL ORCO M. Bee colony optimization—a cooperative learning approach to complex transportation problems [J]. Advanced OR and AI Methods in Transportation, 2005 (2005): 51-60.

[9] BERSINI H., VARELA F., BELEW R. K., et al. The immune recruitment mechanism: A selective evolutionary strategy [J]. Proceedings of the 4th International Conference on Genetic Algorithms, 1991 (1991): 520-526.

[10] 张树义，赵辉华，冯江，等．蝙蝠回声定位与捕食对策的研究[J]．动物学杂志，1999，34（6）：47-50.

[11] ALTRINGHAM J. D. , MCOWAT T. , Hammond L. Bats: biology and behaviour [M]. Oxford University Press, 1996.

[12] 陈敏. 七种蝙蝠回声定位行为生态研究 [D]. 东北师范大学, 2003.

[13] YANG X. Bat algorithm for multi-objective optimisation [J]. International Journal of Bio-Inspired Computation, 2011, 3 (5): 267-274.

[14] KHAN K. , NIKOV A. , Sahai A. A fuzzy bat clustering method for ergonomic screening of office workplaces [C]. Third International Conference on Software, Services and Semantic Technologies S3T, Springer, 2011.

[15] KOMARASAMY G. , WAHI A. An Optimized K-Means Clustering Technique Using Bat Algorithm [J]. European Journal of Scientific Research, 2012, 84 (2): 263-273.

[16] LIN J. , CHOU C. , YANG C. , et al. A Chaotic Levy Flight Bat Algorithm for Parameter Estimation in Nonlinear Dynamic Biological Systems [J]. Journal of Computer and Information Technology , 2012, 2 (2): 56-63.

[17] NAKAMURA R. Y. , PEREIRA L. , COSTA K. A. , et al. BBA: A Binary Bat Algorithm for feature selection [C]. Graphics, Patterns and Images (SIBGRAPI), 2012 25th SIBGRAPI Conference on, IEEE, 2012, 291-297.

[18] YILMAZ S. , KUCUKSILLE E. U. Improved Bat Algorithm (IBA) on continuous optimization problems [J]. Lecture Notes on Software Engineering, 2013, 1 (3): 279-283.

[19] CHEN H. A Novel Bat Algorithm based on differential operator and Levy Flights Trajectory [J]. Computational intelligence and neuroscience, 2013, DOI: 10. 1155/2013/453812.

[20] 刘长平, 叶春明. 具有 Lévy 飞行特征的蝙蝠算法 [J]. 智能系统学报, 2013 (3): 240-246.

[21] GUO L. A Novel Hybrid Bat Algorithm with harmony search for global numerical optimization [J]. Journal of Applied Mathematics, 2013, DOI: 10. 1155/2013/696491.

[22] 贺兴时，丁文静，杨新社．基于模拟退火高斯扰动的蝙蝠优化算法 [J]. 计算机应用研究，2014，31 (2)：392-398.

[23] YANG X. , GANDOMI A H. Bat Algorithm: a novel approach for global engineering optimization [J]. Engineering Computations, 2012, 29 (5): 464-483.

[24] GANDOMI A. H. , YANG X. , ALAVI A. H. , et al. Bat Algorithm for constrained optimization tasks [J]. Neural Computing and Applications, 2013: 1-17.

[25] YANG X. Engineering Optimization and Industrial Applications [M]. Surrogate-Based Modeling and Optimization. Springer, 2013, 2013: 393-412.

[26] TSAI P. W. , PAN J. S. , LIAO B. Y. , et al. Bat Algorithm Inspired Algorithm for solving numerical optimization problems [J]. Applied Mechanics and Materials, 2012 (148): 134-137.

[27] BORA T. C. , COELHO L. D. S. , LEBENSZTAJN L. Bat-inspired Optimization Approach for the Brushless DC Wheel Motor problem [J]. Magnetics, IEEE Transactions on, 2012, 48 (2): 947-950.

[28] 刘长平，叶春明．具有混沌搜索策略的蝙蝠优化算法及性能仿真 [J]. 系统仿真学报，2013，25 (6)：1183-1188.

[29] WANG X. , WANG W. , WANG Y. An Adaptive Bat Algorithm [M]. Intelligent Computing Theories and Technology. Springer, 2013.

[30] WANG W. , WANG Y. , WANG X. Bat Algorithm with recollection [M]. Intelligent Computing Theories and Technology. Springer, 2013.

[31] RAMESH B. , MOHAN V. , REDDY V. Application of Bat Algorithm for combined economic load and emission dispatch [J]. Int. J. Electric. Electron. Eng. Telecommun, 2013 (2): 1-9.

[32] MUSIKAPUN P. , PONGCHAROEN P. Solving multi-stage multi-machine multi-product scheduling problem using Bat Algorithm [C]. 2012 2nd International Conference on Management and Artificial Intelligence , 2012, 98-102.

[33] 盛晓华，叶春明. 蝙蝠算法在 PFSP 调度问题中的应用研究 [J]. 工业工程，2013，16（1）：119-124.

[34] 刘长平，叶春明，刘满成. 来自大自然的寻优策略：像蝙蝠一样感知 [J]. 计算机应用研究，2013，30（5）：1320-1322.

[35] XIE J.，ZHOU Y.，TANG Z. Differential levy-Flights Bat Algorithm for minimization makespan in permutation flow shops [M]. Intelligent Computing Theories and Technology. Springer，2013：179-188.

[36] XIE J.，ZHOU Y.，ZHENG H. A Hybrid Metaheuristic for Multiple Runways Aircraft landing problem based on Bat Algorithm [J]. Journal of Applied Mathematics，2013，DOI：10. 1155/2013/742653.

[37] WANG G.，GUO L.，DUAN H.，et al. A Bat Algorithm with mutation for UCAV path planning [J]. The Scientific World Journal，2012，DOI：10. 1100/2012/418946.

[38] MAJUMDER M. Comparison of Bat and Fuzzy Clusterization for Identification of Suitable Locations for a Small-Scale Hydropower Plant [M]. Application of Nature Based Algorithm in Natural Resource Management. Springer，2013.

[39] YANG X.，KARAMANOGLU M.，FONG S. Bat algorithm for topology optimization in microelectronic applications [C]. Future Generation Communication Technology (FGCT)，2012 International Conference on，2012，150-155.

[40] KHAN K.，SAHAI A. A comparison of BA，GA，PSO，BP and LM for training feed forward neural networks in e-learning context [J]. International Journal of Intelligent Systems and Applications (IJISA)，2012，4（7）：23-29.

[41] KHAN K.，SAHAI A. A fuzzy c-means bi-sonar-based Metaheuristic Optimization Algorithm. [J]. International Journal of Interactive Multimedia & Artificial Intelligence，2012，1（7）：26-32.

[42] MISHRA S.，SHAW K.，Mishra D. A new meta-heuristic bat inspired classification approach for microarray data [J]. Procedia Technology，2012（4）：802-806.

[43] RADHA DAMODARAM M., Valarmathi M. L. Phishing website detection and optimization using Modified bat algorithm [J]. International Journal of Engineering Research and Applications, 2012, 2 (1): 870-876.

[44] BANU A. F., Others. An optimized approach of modified BAT algorithm to record deduplication [J]. International Journal of Computer Applications, 2013, 62 (1): 10-15.

[45] AKHTAR S., AHMAD A. R., ABDEL-RAHMAN E M. A metaheuristic bat-inspired algorithm for full body human pose estimation [C]. 2012 Ninth Conference on Computer and Robot Vision, 2012, 369-375.

[46] ZHANG J. W., WANG G. G. Image matching using a bat algorithm with mutation [J]. Applied Mechanics and Materials, 2012 (203): 88-93.

[47] REDDY M. V. U., MANOJ A. Optimal capacitor placement for loss reduction in distribution systems using bat algorithm [J]. IOSR Journal of Engineering, 2012, 2 (10): 23-27.

[48] LEMMA T. A., Bin Mohd Hashim F. Use of fuzzy systems and bat algorithm for exergy modeling in a gas turbine generator [C]. Humanities, Science and Engineering (CHUSER), 2011 IEEE Colloquium on, 2011, 305-310.

[49] KHORRAM-NIA R., BAZIAR A., KAVOUSI-FARD A. A Novel stochastic framework for the optimal placement and sizing of distribution static compensator. [J]. Journal of Intelligent Learning Systems & Applications, 2013, 5 (2): 90-98.

[50] NIKNAM T., BORNAPOUR M., OSTADI A, et al. Optimal planning of molten carbonate fuel cell power plants at distribution networks considering combined heat, power and hydrogen production [J]. Journal of Power Sources, 2013 (239): 513-526.

[51] KUMARAVEL G., KUMAR C. Design of self tuning PI controller for STATCOM using bats echolocation algorithm based neural controller [C]. Advances in Engineering, Science and Management (ICAESM), 2012 International Conference on, IEEE, 2012: 276-281.

[52] BAZIAR A., KAVOOSI-FARD A., Zare J. A Novel self adaptive modification approach based on bat algorithm for optimal management of renewable MG [J]. Journal of Intelligent Learning Systems and Applications, 2013 (5): 11-18.

[53] 雷秀娟. 群智能优化算法及其应用 [M]. 北京：科学出版社，2012.

[54] CHATTOPADHYAY R. A study of test functions for optimization algorithms [J]. Journal of Optimization Theory and Applications, 1971, 8 (3): 231-236.

[55] SCHOEN F. A wide class of test functions for global optimization [J]. Journal of Global Optimization, 1993, 3 (2): 133-137.

[56] SHANG Y., QIU Y. A note on the extended Rosenbrock function [J]. Evolutionary Computation, 2006, 14 (1): 119-126.

[57] SHILANE D., MARTIKAINEN J, DUDOIT S, et al. A general framework for statistical performance comparison of evolutionary computation algorithms [J]. Information Sciences, 2008, 178 (14): 2870-2879.

[58] DEEP K., BANSAL J. C. Mean particle swarm optimisation for function optimisation [J]. International Journal of Computational Intelligence Studies, 2009, 1 (1): 72-92.

[59] EBERHART R. C., SHI Y. Comparing inertia weights and constriction factors in particle swarm optimization [C]. Proceedings of the Congress on Evolutionary Computing, La Jolla, 2000: 84-89.

[60] ZHANG L., YU H., HU S. A new approach to improve particle swarm optimization [M] // Genetic and Evolutionary Computation — GECCO 2003. Springer Berlin Heidelberg, 2003: 134-139.

[61] 王文，王勇，王晓伟. 一种具有记忆特征的改进蝙蝠算法 [J]. 计算机应用与软件，2014 (11): 257-259.

[62] CHEN Z., ZHOU Y. Q., LU M. A simplified-adaptive bat algorithm based on frequency [J]. Journal of Computational Information Systems, 2013,

9（16）：6451-6458.

[63] PANT M.，THANGARAJ R.，ABRAHAM A. particle swarm optimization using adaptive mutation [C] //Proc of 19th international workshop on database and expert systems application. Turin：IEEE，2008：519 -523.

[64] JORDEHI A. R. Chaotic bat swarm optimization (CBSO) [J]. Applied Soft Computing，2014（26）：523 - 530.

[65] MENG X. B.，GAO X. Z.，LIU Y.，et al. A novel bat algorithm with habitat selection and Doppler effect in echoes for optimization [J]. Expert Systems with Applications，2015，42（17-18）：6350-6364.

[66] YANG X. S，A. H. Gandomi. Bat algorithm：A novel approach for global engineering optimization [M] // engineering computations，2012（29）：464-483.

[67] 郑云水，岳小雪，林俊亭．带有高斯变异的混合蛙跳蝙蝠算法 [J]. 计算机应用研究，2015（12）：3629-3633.

[68] 鲁姝颖．粒子群优化算法的几种改进算法及应用 [D]. 中国矿业大学，2014.

[69] XIE J.，ZHOU Y.，CHEN H. A novel bat algorithm based on differential operator and Lévy Flights Trajectory [J]. Computational Intelligence & Neuroscience，2013（2013）：453812.

[70] YILMAZ S，KUCUKSILLE E. U. Improved bat algorithm (IBA) on continuous optimization problems [J]. Lecture Notes on Software Engineering. 2013，1（3）：279-283.

[71] 王皓，欧阳海滨，高立群．一种改进的全局粒子群优化算法 [J]. 控制与决策，2016（7）：1161-1168.

[72] 杨玲玲，马良，张惠珍．多目标 0-1 规划的混沌优化算法 [J]. 计算机应用研究，2012，29（12）：4486-4488.

[73] ALATAS B.，AKIN E.，OZER A. B. Chaos embedded particle swarm optimization algorithms [J]. Chaos，Solitons & Fractals，2009，40（4）：1715-1734.

[74] CAPONETTO R.，FORTUNA L.，FAZZINO S.，et al. Chaotic sequences to improve the performance of evolutionary algorithms [J]. Evolutionary

Computation, IEEE Transactions on, 2003, 7 (3): 289-304.

[75] 谭文. 混沌系统的模糊神经网络控制理论与方法 [M]. 北京：科学出版社，2008.

[76] 李昊，胡云昌，曹宏铎. 加速混沌优化方法及其应用 [J]. 系统工程学报，2002，17 (1)：41-44.

[77] 潘永湘，徐前锋，高红梅. 基于混沌思维的模糊控制算法优化研究 [J]. 控制理论与应用，2000，17 (5)：703-706.

[78] 刘勇，马良. 非线性极大极小问题的混沌万有引力搜索算法求解 [J]. 计算机应用研究，2012，29 (1)：47-48.

第 3 章

布谷鸟算法

本章在分析布谷鸟算法基本思想和仿生原理的基础上，详细介绍算法的公式和实现流程，采用动态惯性策略对其改进，引入惯性权重改变鸟窝更新方式，通过多个测试函数进行仿真实验，并与其他算法进行比较。结果表明改进后的布谷鸟算法搜索速度更快、路径更优、寻优能力更强，明显优于基本布谷鸟算法，具有良好的应用前景。

3.1 布谷鸟算法基本思想

布谷鸟算法（Cuckoo Search，CS）由学者 Yang 和 Deb 基于布谷鸟的繁育产卵方式进行流程模拟，演变而来的一种算法。[20] 因此，布谷鸟算法的核心是布谷鸟的巢寄生繁殖方式和莱维飞行。

1. 布谷鸟的繁育行为

布谷鸟又名杜鹃，根据昆虫学家的长期观察研究发现，这种鸟自己不抚养后代，而是把鸟蛋偷偷产在别的鸟的鸟巢里，如果不被对方发现，则其后代会被鸟巢主人抚养长大，这种方式叫巢寄生，是一种特殊的繁育行为。布谷鸟既不建巢造窝，也不孵化幼卵，它会在繁殖的时候去搜寻与它产的蛋形状和大小相近、哺育期相似、食性相同的鸟类。布谷鸟一般在其他鸟离开鸟窝的时候，快速地把卵产在黄莺、云雀等的鸟窝中，让它们代自己孵化鸟蛋。一般在一个鸟窝里只产下一个蛋，由于蛋的颜色、大小相近，而布谷鸟又会在产卵前把鸟窝主人的蛋移走，所以它的幼鸟能够由其他鸟类代为抚育。布谷鸟算法即是对这一行为的模拟，其核心思想是把布谷鸟选择的代为抚养的鸟的巢看作空间中解的分布，所选择的鸟窝位置的好坏与否象征所求解问题的解的适应度值，布谷鸟搜寻并决定鸟巢的一系列流程表示算法优化的整个过程。

2. 莱维飞行

布谷鸟算法采用莱维飞行搜索方式，这种方式是满足重尾的稳定分布的一个随机行走，行走步长是短距离和较长距离的交替出现，采用莱维飞行方式，具有增加搜索空间、扩大种群多样性，跳出局部最优等优点。[75]

布谷鸟搜索算法的实现。把布谷鸟找其他鸟类代为抚养后代的过程形成算法理论，需设三个规则：

（1）每只布谷鸟一次产下一个卵，随机地选择寄生巢来孵化它的鸟蛋。

（2）在随机选择的一组代为孵化的寄生鸟窝里，把最好位置的鸟巢保持到下一代。

（3）能代为孵化的寄生鸟窝的数量是固定的常数，代为孵化的鸟窝主人能发现布谷鸟蛋的概率为 Pa，其中 Pa 取值在 $[0, 1]$。

则布谷鸟算法流程如下：

步骤 1：首先确定目标函数 $f(X)$，$X=(x_1, \cdots, x_d)^T$，设置算法的种群数量 n 和发现概率 Pa，然后进行初始化种群，随机产生 n 个鸟巢的初始位置 X_i（$i=1, 2, \cdots, n$）。

步骤 2：计算当前每一个鸟窝的最优适应度值，记录目前最优的适应度值。

步骤 3：在保持上代最优位置基础上，用更新公式（3-1）对其他鸟巢位置更新。

$$X_i^{(t+1)} = X_i^{(t)} + \alpha \oplus Levy(\lambda) \tag{3-1}$$

式中，t 表示当前迭代次数，α 为步长，$\oplus$为点乘。其本质是一个随机行走的方程，当前方程第一项和转移概率方程第二项决定下一代的位置。莱维飞行是步长满足莱维分布的一种随机搜索路径。

步骤 4：把现在鸟巢位置和上代相比较，如果好就看作当前最好位置。

步骤5：对比发现概率 Pa（参数设置中已经确定）和随机数 R，如果 $R>Pa$，就变化鸟巢的位置得到一组新的鸟窝位置。

步骤6：如不满足结束约束，则回到第二步。

步骤7：输出全局最优位置。

布谷鸟算法的应用众多，在求解多领域问题时都很有效，这是因为其有以下特性：①满足全局收敛要求。粒子群优化算法的理论研究表明，粒子群算法可以快速收敛到目前最好的解决办法，但不一定是全局最好的解决方案。[76]布谷鸟算法符合了其全局收敛性。②具有局部和全局搜索性能。布谷鸟算法有两种搜索功能：局部搜索和全局搜索。前者是为了通过定向随机行走提高最佳解决方案，后者通过 Lévy 飞行保持种群的多样性，通过发现概率 Pa 控制两部分间的平衡。当发现概率为 0. 25 时，布谷鸟算法全局搜索占总时间的 75%，其中局部搜索占需要总搜索时间的 25%，[77]从而更有效率地进行全局探索。[8]③由于全局搜索策略是莱维飞行机制，不是标准随机行走。Lévy 机制的特点是有无限的均值和方差，比标准高斯过程能更有效地搜索。由于全局和局部搜索能力都较强，使得布谷鸟算法更高效。[78]④布谷鸟算法使用的参数较少，主要参数包括种群大小和发现概率。较少的参数能够有效地控制随机分组和局部搜索之间的平衡，算法简单易执行。[20]

3. 2 具有随机惯性权重的布谷鸟算法（WCS）

布谷鸟搜索算法作为一种新的启发式算法，自 2009 年被提出后一直备受关注，众多学者对其进行了研究和改进。

利用函数实验是对算法性能判断的重要方法。Yang 最早提出布谷鸟搜索算法，并通过对 10 个测试函数求解，与遗传算法和粒子群算法比较，布谷鸟算法在求解多目标函数时结果更优。[20] Rajabioun R 通过 5 个基准测试函数与粒子群（PSO）算法及遗传（GA）算法比较，布谷鸟算法收敛速度更快，全局搜索能力强。[21] Civicioglu 等通过 50 多个不同的基准测试函数对布谷鸟算法与PSO、差分进化算法（DE）、人工蜂群算法（ABC）进行比较，得出布谷鸟比PSO、ABC的求解结果更稳健更精确。[22] Ong[23]、Jamil[24]、李煜[25]和吴炅[26]通过对标准测试函数求解，与其他算法比较得出布谷鸟搜索算法是一种更有效的优化方法。以上研究表明，布谷鸟算法在对测试函数优化时是有效的。随着布谷鸟搜索算法的不断发展与应用，针对布谷鸟算法本身的一些问题，如收敛精度不高、缺乏信息共享、局部搜索能力弱等问题，为了进一步提高它的性能，一些学者对其做了比较成熟的改进。李志平等[27]通过云模型实现布谷鸟的进化学习过程，类似差分进化进行群体间的信息交流，该混合算法较大程度上提高了布谷鸟算法求解精度。Ouyang[28]提出离散的布谷鸟算法用于解决TSP问题，Fateen[29]和杜利敏[30]提出一种基于梯度的布谷鸟搜索算法，这种改进基于梯度改变步长，从而改变鸟巢位置使算法具有更快的收敛速度。布谷鸟搜索算法已经成为解决非线性优化问题的有效方法，并在科学和工程多个领域得到成功应用。[31-32]

布谷鸟搜索算法完全依赖于步长，无法确保其收敛性。为此，可以从两方面改进以提高其收敛速度：一是将Lévy飞行步长 α 设置为随代数增加而减小的变量以进行更多的局部搜索；二是鸟窝之间增加信息交换以加快收敛到最小值的速度，从而使算法在不丢失原始算法优秀特征的同时具有更大的使用范围。[33]

1. 控制参数的改进

研究表明布谷鸟算法对控制参数的变化调整是敏感的，[34]因此许多学者提出对控制参数修正。其控制参数主要包括鸟窝群体规模 n、发现概率 Pa、搜索步长和搜索范围等。

（1）步长的改进。α 是步长控制量，控制方向和步长大小，其取值与搜索空间大小有关。如果搜索空间较小，步长大，容易导致错过最优解，传统布谷鸟算法通常 α 取值为1。

Walton提出的改进布谷鸟搜索算法是最近对布谷鸟算法改进的代表，[35]提出对步长改进，增加个体间的信息交流，并通过7个测试函数对改进的 MCS 算法、PSO、差分进化算法（DE）、布谷鸟算法进行性能测试，结果表明改进的 MCS 算法比标准布谷鸟结果更优，比 DE 有更好的收敛速度。

（2）发现概率。发现概率决定运行时间，一般取值为 0.25，当 $Pa=0$ 时，能以更快的速度找到最优解。文献[36]对发现概率改进，新的发现概率 Pa 为

$$Pa(gn) = Pa_{max} - gn/NI(Pa_{max} - Pa_{min}) \quad (3-2)$$

式中，NI 为总迭代次数，gn 为当前迭代次数。对发现概率的改进可以加快收敛速度，减少迭代次数。但是对发现概率改进的算法性能并不稳定，不能保证每次都快速准确地找到最优解。

（3）维数改进。文献[37]提出的对维数改进的布谷鸟搜索算法，采用贪婪的更新评价策略，使解的逐维进化不因其他维的退化而忽略。新的更新公式为

$$X_{g+1},\ i = X_{g,i} + r(X_{g,j} - X_{g,i}) \quad (3-3)$$

式中，r 是（1，1）区间的随机数，$X_{g,j}$是第 g 代的随机解。这种改进利用进化的一维信息改变当前解，从而进行局部搜索，以提高算法的收敛速度，并获得更好解。

（4）种群大小。种群大小对运算的时间有影响，增加种群数量会使算法搜索的时间增加，但种群大并不能保证能快速达到最佳解决方案。宋玉坚通过克隆群体对 Lévy 变异操作，通过 Lévy 变异增加种群多样性，以提高寻优精度和收敛速度。[38]

2. 与其他方法的融合

在对布谷鸟算法的改进中，一些研究把算法与其他优化方法相结合来提高算法性能。

（1）基于高斯扰动的布谷鸟算法。Zheng H 等[39]和 Wang F 等[40]提出基于高斯扰动的布谷鸟搜索算法，在鸟巢位置中加入高斯扰动项，即第 t 代搜索到的一组鸟巢的位置，加入高斯扰动：$Pt = Pt + \alpha \oplus \varepsilon$。其中，$\varepsilon$ 和 Pt 是同阶随机矩阵，矩阵每个元素都服从标准正太分布。A 是控制 ε 的搜

索范围，适度增加鸟窝位置的多样性。这种改进提高搜索速度，从而加快了收敛速度。

（2）基于梯度的布谷鸟算法。Fateen[29]、杜利敏[41]提出一种基于梯度的布谷鸟搜索算法，这种改进基于梯度改变步长，从而改变鸟巢位置使算法具有更快的收敛速度。

（3）与粒子群算法结合。粒子群算法是一种启发式优化方法，[42] Chodrati 等人提出一种混合 CS-PSO 算法。[43]改进的算法采用粒子群的更新规则对鸟窝位置进行更新，这种改进方法增加了鸟窝之间群体智能，以增加鸟蛋的生存率，扩大了搜索空间。Wang[44]提出混合的 CS-PSO 改进优化算法，先用 PSO 更新个体和全局最优位置，再保持布谷鸟算法的更新方式特点。既有 PSO 的搜索方式，又有布谷鸟算法搜索能力，二者结合，克服了 PSO 陷入局部最优的缺陷，优化能力更强。

（4）与遗传算法结合。布谷鸟算法和遗传算法（GA）都源于自然界灵感的启发式算法，Ghodrati A 等[45]提出了布谷鸟算法与遗传算法相结合的混合算法。在标准布谷鸟算法中，假定布谷鸟每次只下一个蛋，但在现实世界并不是这样。Ghodrati 采用遗传算法的交叉算子使每个布谷鸟繁殖更多的鸟蛋，并且采用遗传算法的选择策略选择生存的鸟蛋。改进后的算法被证明能够搜索更大的空间，优化速度更快。Lim[46]和 Kanagaraj[47]提出 CSGA 算法，并用于解决孔加工序列优化问题和可靠性冗余分配问题。这种改进结合了布谷鸟算法和 GA 算法两者的优点，布谷鸟算法改进了最优解，通过 GA 算法降低了适应度的平均值以弥补布谷鸟算法的缺点，以提高算法性能。

（5）与量子算法结合。Layeb 引入量子算法[48]，提出量子布谷鸟搜索算法 QICSA，实现了开发测试和应用之间的很好平衡。

其他一些学者通过改进，提高了布谷鸟算法的可靠性、收敛速度以及全局优化能力等。Nawi 提出一种基于 Levenberg Marquardt（LM）的算法 CSLM，[49]比其他算法有更好的性能。文献[50]提出一种与拉格朗日方法相结合混合算法 HCS-LSAL，在求解有约束条件下的全局优化中结果更有效。文献[51]基于正交的学习策略改进算法，用 23 个测试函数进行实验，结果说明改进提高了布谷鸟算法的性能。文献[52]与差分进化 DE 算法结合，Khan 等基于神经网络改进布谷鸟算法，[53] Subotic 和韦向远提出并行结构的布谷鸟搜索算法，[54]都不同程度上提高了算法的性能。

3. 布谷鸟算法的应用领域

布谷鸟搜索算法是解决复杂系统优化问题的有效方法，最早被提出并用于优化函数，目前已应用于多种组合优化问题，如背包问题[55]、求解旅行商问题[56]、流水车间调度[57]；在图像处理方面：优化图着色问题[58]、图像分割[59]、人脸识别[60]、移动物体追踪；[61]网络通信方面：Web 服务组合[62]、网络热点话题预测；[63]在经济调度方面：微电网调度[64]、电力系统优化[65]、地下水调度[66]、网格作业调度；[67]其他：应用于混沌系统参数估计[68]、短时交通流量预[69]、噪声处理[70]、无人战斗机路径规划[71]、训练前馈神经网络[72]、人声识别[73]、洪水预报[74]等多个领域。

综上所述，布谷鸟算法已经成为解决非线性优化问题的有效方法，且在科学工程等领域得到成功应用。布谷鸟算法有很好的全局收敛性，但研究中仍存在一些问题：布谷鸟算法在收敛性分析等方面缺乏相关数学理论分析，需要进一步对参数调整进行研究。所有启发式算法都有相关的参数，而这些参数的实际值的设置将在很大程度上影响算法的性能。因此，适当的参数调整是一个重要研究领域。另外，布谷鸟算法还没有解决一些复杂问题，如求解大数据、多目标、大规模复杂问题。

由于布谷鸟算法在优化复杂函数问题中，有迭代次数多，收敛速度慢，精度不高，运算时间较长等缺点，本书对其改进，加入随机惯性权重，形成加上动态惯性策略作为更新方式的布谷鸟（Weight Cuckoo Search，WCS）算法。用动态惯性权重改变鸟巢位置的更新方式，可以较好地平衡局部搜索和全局搜索。改进之后的布谷鸟算法与其他算法相比，有效提高了求解的收敛精度，并缩短了运行时间，优化性能更优。

3.2.1 动态惯性权重

动态惯性权重能有效提高算法的搜索能力，它是一种控制种群探索和开发能力的机制，起到平衡局部和全局搜索关系的作用。Shi 和 Eberhart[79]在粒子群算法中加入惯性权重，成为代替速度钳制的方式，进而改变算法的局部和全局搜索能力。加入惯性权重后能使运行轨迹保持惯性，增强空间搜索的能力，如惯性权重为0，则没有记忆性；若为1，则是原算法。惯性权重大小不同作用不同，较小能增强局部搜索的能力；较大则能增强全局搜索能力。因此，很多学者通过惯性权重来改进算法，增强搜索性能。下面是几类主要惯性权重：

（1）线性调整的惯性权重。又叫线性递减的惯性权重，以保持线性递减的方式，取值从较大值递减到一个较小的值，一般从0.9递减到0.4，[80]这是当前比较常用的一种惯性权重的选取方法。研究证明对多数算法这种方法其全局寻优的性能比较好，但也有缺点。主要是在搜索的开始，当搜索点特别靠近最优值时，会因为它局部小范围的搜索能力弱而被忽略错过；当全局的搜索能力变弱时容易陷入局部最好解，而且最大迭代次数较难预测，最终使得算法优化性能不好。

$$w(t)=[w(0)-w(n_t)]\frac{n_t-t}{n_t}+w(n_t),\quad w(0)>w(n_t) \tag{3-4}$$

它的变化公式为公式3-4，惯性权重用 w 表示。在这个变化方式的惯性权重里，$w(0)$ 表示的是最开始的惯性权重的取值，$w(n_t)$ 表示最后所取的值 w，n_t 是最大的迭代次数，$w(t)$ 是第 t 次所取的惯性权重值，线性权重值一般从0.9递减为0.4。[80]

（2）非线性递减的惯性权重。主要变化方式是非线性递减，从一个较大值减小到一个比较小的数值。[81]研究发现，算法搜索的初期，如果惯性权重 w 的值较大，有利于搜索较大的空间找到最优值，但非线性变换使得震荡较大，有可能使得算法不能准确地找到最优值，公式如下：

$$w(t+1)=\frac{(w(t)\ -0.4)*(n_t-t)}{n_t+0.4} \tag{3-5}$$

式中，$w(t+1)$ 是第 $t+1$ 次所取的惯性权重值，$w(t)$ 是第 t 次所取的惯性权重值，n_t 是最大的迭代次数。

（3）模糊调整的惯性权重。线性调整的惯性权重有时不能反映搜索的实际情况，因为算法一般在搜索过程中是非线性的，并且较为复杂。所以，Eberhart 与 Shi 提出一种模糊调整的惯性权重，为其设置了两个输入、一个输出和九个规则，两个输入分别是当前的全局最优值和惯性权重，输出的是惯性权重的改变值。通过模糊机制给出的惯性权重较大提高适应度值，平衡了局部和全局搜索的关系。但是模糊调整系统涉及的参数太多，需要的算法编程也较为复杂，使得算法的复杂度加大，实现难度特别大。因此，本书不采用模糊调整的惯性权重。[82]

（4）随机调整的惯性权重。它是一种动态随机选取惯性权重的方式，由 Eberhart 等提出，是每次随机地从高斯分布中选取一个惯性权重值，这样较大的与较小的惯性权重值都可以随机选择。[83]这种方法的优点是使得算法在初期不容易陷入局部最优解，而且较小和较大的惯性权重随机出现避免了算法后期收敛精度不高，[84]公式如下：

$$w=0.5+\frac{randn\ (\ )}{2.0} \tag{3-6}$$

式中，$randn\ (\ )$ 是随机数，服从正态分布。式（3-6）表示惯性权重在［0.5，1］之间随机产生一个值。

经过上述分析，采用线性及非线性惯性权重都容易陷入局部最优解，而模糊调整的惯性权重涉及的参数太多，增加了算法的实现难度，所以本书采用随机惯性权重，随机调整惯性权重服从高斯分布，$w\sim N(\vartheta,\ \sigma)$。在算法搜索中，由于较小和较大权重都随机出现，有利于局部和全局搜索的平衡，更容易找到最优解。下面是随机惯性权重 w 的取值公式：

$$w=r_{\min}+\ (r_{\max}-r_{\min})\ *normrnd\ (\ )\ +\sigma*randn\ (\ ) \tag{3-7}$$

式中，$r_{\max}$是随机选取的惯性权重的最大值，$r_{\min}$是随机选取的惯性权重的最小取值，$normrnd\ (\ )$ 表示随机数，服从均匀分布，σ 是偏差程度，钳制期望值和惯性权重值两者，$randn\ (\ )$ 也是随机数，服从正态分布。

通过动态惯性权重中的随机惯性权重 w 改变鸟巢位置的更新方式，下面是改进后的加入随机惯性权重的布谷鸟算法实现过程：

步骤 1：明确优化的函数 $f(X)$，设置目标函数的维度 d，定义域 $[-L, L]$，发现概率 Pa 和种群数量 n。初始化种群 n，随机并产生 d 维向量，即 $X=(x_1, \cdots, x_d)^T$，n 个鸟窝的初始位置为：$X_i(i=1, 2, \cdots, n)$。

步骤 2：计算每个鸟巢的目标函数值，记录当前最好解。

步骤 3：保持上代鸟窝最优位置，随机产生动态惯性权重 $w \sim N(\vartheta, \sigma)$，使用新的位置更新公式（3-8）对一代鸟窝位置进行更新。

$$X_i^{(t+1)} = w * X_i^{(t)} + \alpha \oplus Levy(\lambda) \tag{3-8}$$

步骤 4：将现有值与上代鸟窝位置比较，若现在位置较好，将其作为当前的最优；否则不变。

步骤 5：鸟窝主人发现外来鸟蛋的可能性 r 和 Pa 比较，若 $r \leqslant Pa$，则记录当前最优值；若 $r>Pa$，回到第二步，随机改变鸟窝位置，得到一组新的位置。

步骤 6：得出全局最优解。

3.2.2 惯性权重取值范围研究

根据文献[85]对动态惯性权重取值的研究进行选择，函数 1 和 2 在不同惯性权重的取值对其求解结果的影响如表 3.1 所示。每个函数共求解 50 次，算法中 $n=25$，最大迭代次数 50。

表 3.1 不同取值范围惯性权重的优化结果

f 惯性权重取值		1	2	3
f_1	平均迭代次数	2.40	3.40	14.90
	准确率	100%	100%	2%
f_2	平均迭代次数	2.60	8.50	2.90
	准确率	100%	6%	0

其中，随机惯性权重取值为 0 和 0.2 用 1 表示，0.2 和 0.9 用 2 代替，3 代表的是 0.9 和 1.2。运算结果显示，在 0.2 和 0.9 选取权重时，布谷鸟算法能够找到最优结果，但是找到最优解的概率不稳定；在 0.9 和 1.2 之

间取值时，得到最优解的次数较少；当取值在 0~0.2 时，能找到最优解，且准确度较好。所以，选取 0 到 0.2 随机调整的惯性权重服从高斯分布，σ 取值足够小以保证随机惯性权重 w 不显著大于 1。

3.2.3 改进布谷鸟算法的时间复杂度和收敛性分析

1. 改进布谷鸟算法的时间复杂度分析

时间复杂性能从不同侧面反映算法的性能，即收敛速度的快慢。设想假如算法需要无穷时间才能找到最优解，那这种算法不具有时间有限性。因此，对算法时间复杂度的研究很有意义。假设基本布谷鸟算法的种群规模为 N，最大迭代次数为 n，目标函数为 $f(x)$，基于布谷鸟算法的实现流程，下一代鸟窝位置由上代鸟窝位置和 *Levy* 飞行机制得到，设产生均匀分布随机数的时间为 ξ_1，则时间复杂度为 $O\{N[\xi_1 n+f(n)]\}=O[n+f(n)]$，设产生一组新的鸟巢位置的时间为 ξ_2，新的鸟巢位置与上代鸟窝位置比较的算法执行此步骤时间为 ξ_3，若新鸟巢位置较好，替换上代位置的时间为 ξ_4，第一个新解产生时，其时间复杂度为 $O\{N[\xi_2 n+f(n)+\xi_3+\xi_4 n]\}=O[n+f(n)]$。第二个阶段，生成新解的执行时间为 ξ_5，时间复杂度为：$O\{N[\xi_5 n+f(n)+\xi_{3+}\xi_4 n]\}=O[n+f(n)]$，最终记录最优鸟巢位置的时间复杂度为 $O[N(\xi_{3+}\xi_4 n)]=O(n)$。所以，每一代找到最优位置总的时间复杂度为：$T(n)=3O[n+f(n)]+O(n)=O[n+f(n)]$。[86]

根据上述方法，分析改进布谷鸟算法的流程，引入随机惯性权重于位置更新方程中，设种群数量、目标函数和最大迭代次数不变，产生随机惯性权重 w 的执行时间是 ξ。在第一个阶段，时间复杂度为 $O\{N[\xi n+\xi_2 n+f(n)+\xi_{3+}\xi_4 n]\}=O[n+f(n)]$，第二个阶段，时间复杂度为 $O\{N[\xi n+\xi_5 n+f(n)+\xi_{3+}\xi_4 n]\}=O[n+f(n)]$。因此，更新下一代鸟窝位置的最终时间复杂度不变，为 $T(n)=O[n+f(n)]$，这和基本布谷鸟算法一致，具有随机惯性权重的布谷鸟算法没有增加时间复杂度。

2. 改进布谷鸟算法收敛性分析

标准布谷鸟算法可以看作是一种随机算法，有研究采用随机算法收敛的条件，[87]构建 Markov 链模型，证明了标准布谷鸟算法的收敛性，给基本布谷鸟算法全局收敛性提供理论依据。

根据文献[88]和[89]的分析，其用差分方程分别对蝙蝠算法和粒子群算法的收敛性进行了分析，本书通过建立差分方程对改进的布谷鸟算法收敛性进行分析。改进布谷鸟算法进行下一代鸟窝位置更新的公式为

$$X_i^{(t+1)}=w*X_i^{(t)}+\alpha\oplus Levy(\lambda) \tag{3-9}$$

式中，$X_i^{(t+1)}$ 表示第 i 个鸟巢在 $t+1$ 时刻的位置，α 为步长控制量；$levy(\lambda)$ 是随机搜索步长，它的具体方程如下：

$$Levy(\lambda)\ \sim 0.01\times\frac{u}{|v|^{1/\beta}}\times(g_{best}-X_i^{(t)}) \tag{3-10}$$

式中，α 一般取值 1，u 和 v 服从均匀分布 $u\sim N(0,\ \sigma_u^2)$、$v\sim N(0,\ \sigma_v^2)$；方便进行计算，设 $0.01\times\frac{u}{|v|^{1/\beta}}$ 为一常量 $r1$，g_{best} 是第 t 代鸟窝最优位置记 g_b，第 $t+1$ 代鸟巢最优位置记为 p_b，则方程（3-6）简化为

$$X^{(t+1)}=w*X^{(t)}+r1*(g_b-X^{(t)}) \tag{3-11}$$

$$X^{(t+2)}=w*X^{(t+1)}+r1*(p_b-X^{(t+1)}) \tag{3-12}$$

由式（3-11）和式（3-12）可得

$$X^{(t+2)}+\ (1+r1-w)*X^{(t+1)}+(r1-w)*X^{(t)}=r1p_b+r1g_b \tag{3-13}$$

式（3-13）是一个二阶的常系数非齐次差分方程，求解其差分方程的特征方程得

$$\lambda^2+(1+w-r1)\ \lambda+w-r1=0 \tag{3-14}$$

求解上面方程，得 $\Delta=(1+w-r1)^2-4(w-r1)$。由于 $\Delta=(w-r1-1)^2\geqslant 0$，因此，只需考虑下面两种情况：

（i）当 $\Delta=(w-r1-1)^2=0$ 时，即 $w-r1-1=0$，λ_1 和 λ_2 是特征方程根。若 λ_1 和 λ_2 为实数，$\|\lambda_1\|$、$\|\lambda_2\|$ 分别表示 λ_1 和 λ_2 的绝对值；若为复数，表示 λ_1 和 λ_2 的模值。

由 $\Delta=0$ 得 $\lambda_1=\lambda_2=-1$。

此时 $X^{(t)}=(A_0+A_1t)\ \lambda^t$，$A_0$、$A_1$ 为待定系数，计算可得

$$\begin{cases}A_0=x(0)\\A_1=(r1-w-1)x(0)-r1g_b\end{cases} \tag{3-15}$$

（ii）当△>0 时，$X^{(t)}=A_0+A_1*\lambda_1^t+A_2*\lambda_2^t$，$A_0$、$A_1$ 和 A_2 是待定系数，计算可得

$$\begin{cases}\lambda_1=\dfrac{-(1+w-r1)+\sqrt{\triangle}}{2}\\ \lambda_2=\dfrac{-(1+w-r1)-\sqrt{\triangle}}{2}\end{cases} \tag{3-16}$$

当 $t\to\infty$ 时，$X^{(t)}$ 有极限且趋向于有限值，表示迭代收敛，由此可知，若上面两种情况中 $X^{(t)}$ 收敛，需要满足 $\|\lambda_1\|<1$，$\|\lambda_2\|<1$；[86] 当 $\max(\|\lambda_1\|, \|\lambda_2\|)=1$ 时，粒子的轨迹收敛。[87]

因此，当△=0 时，收敛区域为 $w-r1-1=0$；当△>0 时，收敛区域只需满足 $-1<r1-w<1$。结合以上两种情况，收敛区域为 $-1\leqslant r1-w<1$。

3.3 种群大小对惯性权重选取的影响

算法性能可能受参数选择和变化的影响，本节观察种群的变化对算法性能是否有影响。其他参数的设置不变，种群规模从 25 扩大 100，设置最大迭代次数 300，每个函数求解 50 次，惯性权重选取 0~0.2、0.2~0.9 和 0.9~1.2，依次用 1、2 和 3 代表，4 代表不加惯性权重的布谷鸟算法。表 3.2 是在种群为 25 和 100 时，算法求解函数的准确率。

表 3.2 不同种群下算法优化效果

f	f_1		f_2		f_3		
n	25	100	25	100	25	100	
1	1	1	1	1	1	1	
2	0.9	1	1	1	1	1	
3	0	0	0.04	0.08	0	0	
4	0	0	0.12	0.08	0	0	

在种群增大后，从表中结果看到布谷鸟算法的求解性能基本不变，函数 2 在种群增大后的准备率有减少的趋势，在 0.2~0.9 和 0.9~1.2 范围取

值加入惯性权重的布谷鸟算法，优化性能改善不突出，惯性权重最佳取值范围仍是 0~0.2。综上，说明种群规模的变化对算法优化性能的改善效果不明显，也反映加入随机惯性权重对布谷鸟算法的改进方法较好，使得改进布谷鸟算法有较强的寻优性和鲁棒性。

3.4 仿真实验

3.4.1 WCS 算法与 CS 算法的比较

为了评估改进后 WCS 算法的性能，本节通过 5 个测试函数进行实验，评估改进后算法性能状况。[93] 下面是 5 个函数的取值范围、最优值和函数的表达式。每个函数都具有一定的特点，代表了一类特征，通过这些算例表明了改进后的算法取得了较大进步。每个函数求解 30 次，平均时间为算法找到最优解所用时间的平均值，进化代数为算法找到最优解的最大迭代次数的最小值，平均迭代次数是收敛到最优解的代数的平均值，找到最优解的次数与运行总次数的比是准确率。参数设置：$n=25$，$Pa=0.25$，w 服从高斯分布。下面是 WCS 算法与 CS 算法的比较，表 3.3 是测试函数。

表 3.3 测试函数

函数公式	范围	最优值
$f_1=0.5-\dfrac{\sin\sqrt{x^2+y^2}-0.5}{1+0.001(x^2+y^2)}$	[−4, 4]	1
$f_2=\left[\dfrac{3}{0.05+(x^2+y^2)}\right]^2+(x^2+y^2)^2$	[−5.12, 5.12]	3600
$f_3=10\cos(2\pi x)-10\cos(2\pi y)-x^2-y^2-20$	[−5.12, 5.12]	0
$f_4=-\dfrac{1}{4000}\sum_{i=1}^{D}x_i^2+\prod_{i=1}^{D}\cos(\dfrac{x_i}{i})+1$	[−600, 600]	0
$f_5=-[1+(x+y+1)^2(19-14x+3x^2-14y+6xy+3y^2)]*[30+(2x-3y)^2(18-32x+12x^2+48-36xy+27y^2)]$	[−2, 2]	−3

惯性权重从高斯分布中取值并随机调整。每个函数分别进行 30 次独立仿真实验。

（1）Schaffer 函数

$$f_1(x,\ y)=0.5-\frac{\sin\sqrt{x^2+y^2}-0.5}{1+0.001(x^2+y^2)} \tag{3-17}$$

式中，x，$y\in[-4,\ 4]$，该函数能够很好地评价算法性能，它的全局最大值为1，收敛位置在（0，0），但全局最优解的周围有两圈圈脊包围，分别是两个局部最优解 0.990284 和 0.962776。由于这些局部最优值和全局极大值之间的数值相差不大，所以很容易在搜索中找到局部最优值，而非全局最优值。运行改进布谷鸟算法可以很快收敛到全局最优值。函数 1 的图像和运行算法的迭代收敛状态见图 3.1。

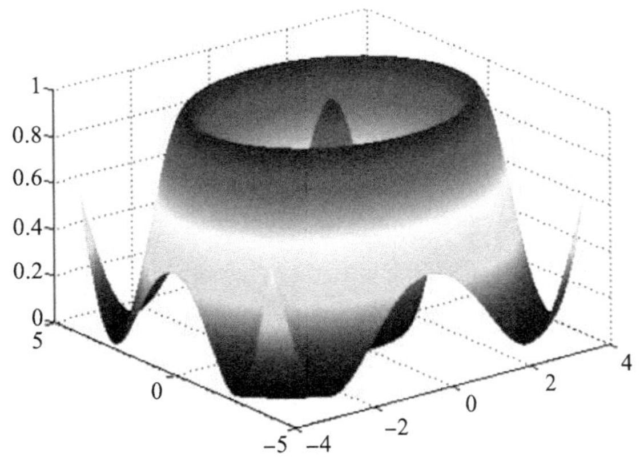

图 3.1　f_1 图像

（2）Needle-in-haystack 函数

$$f_1\ (x,\ y)\ =\left[\frac{3}{0.05+\ (x^2+y^2)}\right]^2+\ (x^2+y^2)^2 \tag{3-18}$$

式中，x，$y\in[-5.12,\ 5.12]$，函数 2 是一个多峰函数，函数最大值为3600，收敛位置是（0，0）。此函数的最大值被四个局部最优包围，有四个局部极值点（−5.12，5.12）、（−5.12，−5.12）、（5.12，5.12）和（5.12，−5.12）。其他算法容易收敛到局部最优，而错过全局最优值，采改进布谷鸟算法能很快找到最优解，函数的图像和收敛性状态对比见图 3.2 至图 3.4。

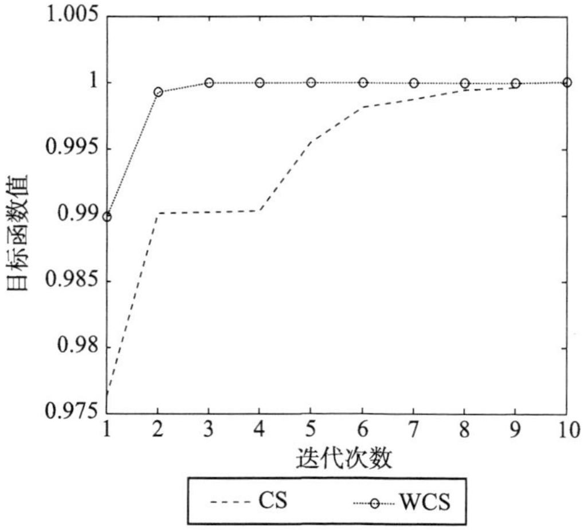

图 3.2 f_2 算法收敛对比

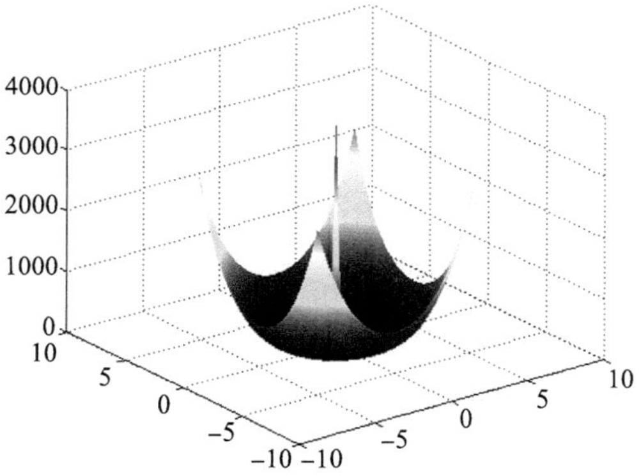

图 3.3 f_2 图像

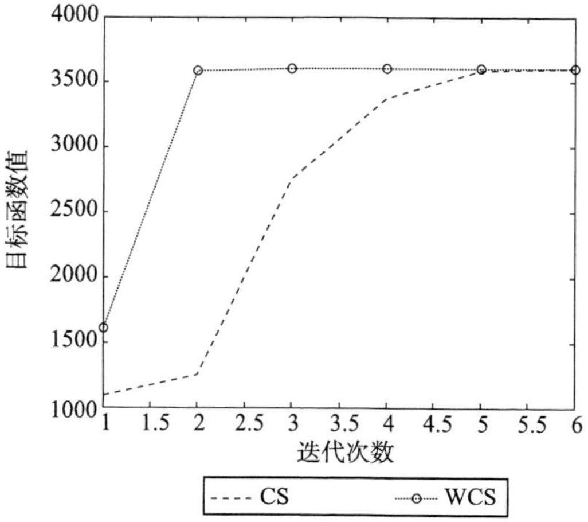

图 3.4 f_2 算法收敛对比

（3） Rastrigrin 函数

$$f_3 = 10\cos(2\pi x) - 10\cos\ (2\pi y) - x^2 - y^2 - 20 \quad (3-19)$$

函数的图像和运行算法的迭代收敛状态见图 3.5、图 3.6。

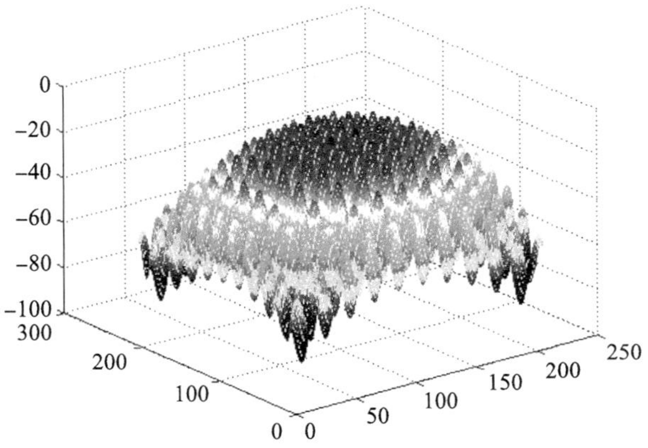

图 3.5 f_3 图像

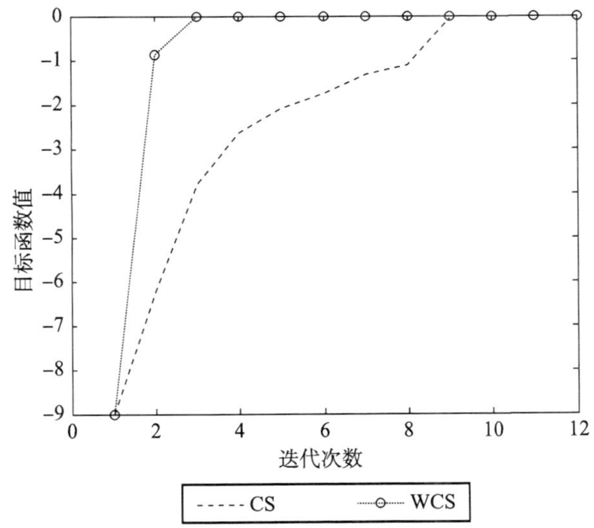

图 3.6 f_3 算法收敛对比

（4） Griewank 函数

$$f_4 = -\frac{1}{4000}\sum_{i=1}^{D} x_i^2 + \prod_{i=1}^{D}\cos\left(\frac{x_i}{i}\right) - 1 \quad (3-20)$$

此函数的全局最优值点是 0，收敛在 $\max f(0, \cdots, 0)$。此函数的各维上的变量都密切相关，所以较难找到最优值。函数的图像和运行算法的迭代收敛状态见图 3.7、图 3.8。

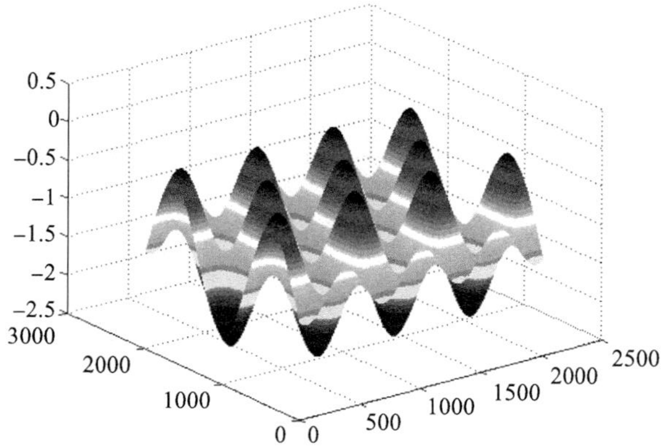

图 3.7 f_4 图像

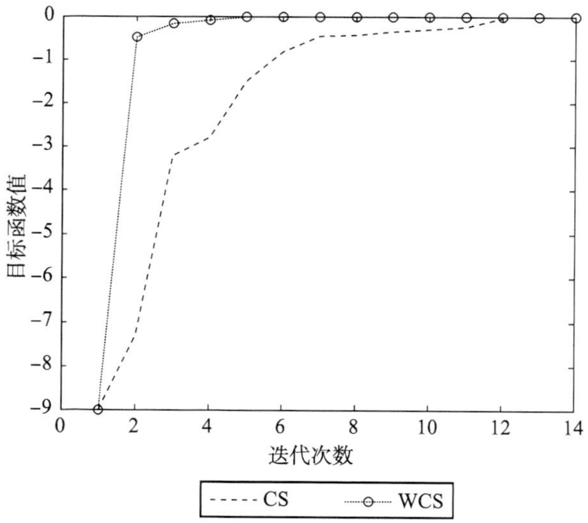

图 3.8 f_4 算法收敛对比

（5）Goldstein and Price（GP）函数

$$f_5=-[1+(x+y+1)^2(19-14x+3x^2-14y+6xy+3y^2)]*[30+(2x-3y)^2(18-32x+12x^2+48-36xy+27y^2)] \tag{3-21}$$

该函数在其定义域内，只有一个全局极大值-3，收敛位置在（0，-1）。函数的图像和运行算法的迭代收敛状态见图3.9、图3.10。

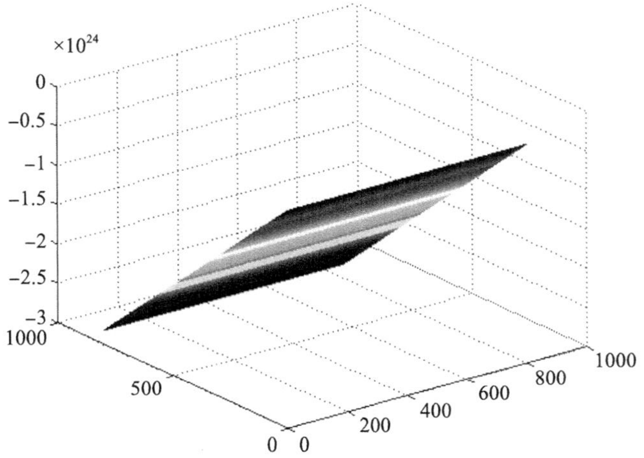

图3.9 f_5 图像

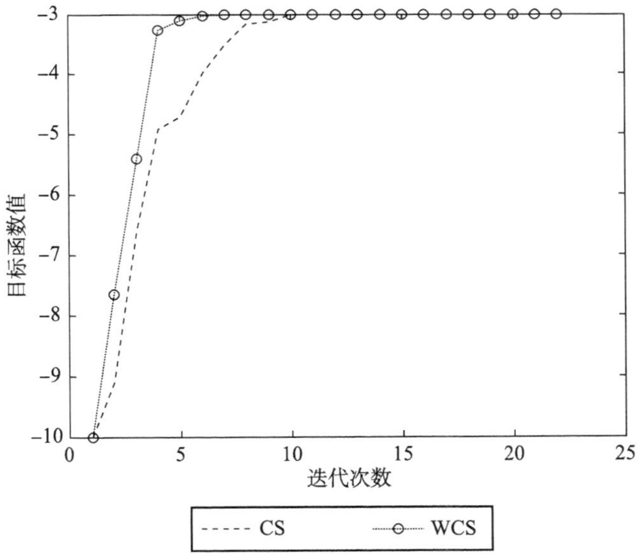

图3.10 f_5 算法收敛对比

以上函数收敛图表明，加入随机惯性权重的布谷鸟算法和基本算法仿真对比，收敛的精度更高一些，相比之下迭代次数更少，收敛速度也更快，具有更好的优化性能。在30次的独立仿真实验中，改进后的布谷鸟算法在求解函数1时，平均时间只需要0.1s，迭代次数只需要5次，进化代数大为减少，而准确率达到100%。求解函数2时，平均时间只需要0.09s，迭代次数只需要4次，进化代数减少到20，而准确率达到90%，比基本算法的准确率高。改进后的布谷鸟算法求解函数3时，平均时间只需要0.3s，迭代次数只需要8次，进化代数由600减少到70，而准确率达到83%，比基本算法的求解时间大为减少。改进后的布谷鸟算法求解函数4时，平均时间只需要0.9s，迭代次数减少到200次，准确率达到93%，比基本算法的求解时间大为减少。改进后的布谷鸟算法求解函数5时，平均时间只需要0.04s，迭代次数只需要6次，进化代数减少到600，而准确率达到100%，比基本算法的求解时间大为减少。具体运算结果如表3.4所示。

表3.4 WCS算法与CS算法仿真结果对比

函数	算法	平均时间/s	平均迭代次数	进化代数	准确率
f_1	CS	9.9964	11.2333	2500	83.33%
	WCS	0.1702	4.73333	50	100.00%
f_2	CS	1.0216	4.96667	300	13.33%
	WCS	0.0935	3.66667	20	90.00%
f_3	CS	2.2189	12.7667	600	30.00%
	WCS	0.3154	7.9	70	83.33%
f_4	CS	3.9515	19.9667	1100	33.33%
	WCS	0.8486	9.43333	200	93.33%
f_5	CS	0.0452	4.4667	50	100%
	WCS	0.0433	5.96667	40	100%

表3.4中实验数据显示，改进后的布谷鸟算法在求解函数问题时，与基本算法对比，找到最优解的次数更多，时间更少，求得最优值的准确率更高。当面对函数1这种较为复杂的函数问题时，基本布谷鸟算法大幅增加迭代次数，运行时间仍是改进后的布谷鸟算法的数十倍之多，且准确率也不如WCS算法高。加入惯性权重对布谷鸟算法的改进能更好地解决函数优化问题，实验证明其是有效的。

3.4.2 改进算法（WCS）与其他算法（CS）的对比实验

为了更好地测试算法性能，n 都设置 50，迭代次数 1000。采用 WCS 算法与 CS 算法、粒子群算法（PSO）、蚁群算法（ACO）、引力搜索算法（GSA）和蝙蝠算法（BA）对上面 5 个函数求解，每个算法求解 50 次，求解结果如表 3.5 所示。其中，CS 和 WCS 算法参数设置为 $Pa=0.25$。ACO 参数设为 $\alpha=\beta=1$，$r=0.5$，$\rho=0.7$，$Q=1$。[91] 蝙蝠算法参数设为 $A_i=0.25$，$r_i=0.5$，$\alpha=\gamma=0.9$。[92] PSO 中 $w=0.729$，$c1=c2=1.49445$。[90] GSA 算法参数为 $T=1000$，$G_0=100$，$\alpha=50$。

表 3.5 WCS 算法与其他算法性能比较

函数	算法	最优值	平均值	最差值	标准差
f_1	CS	0.999974	0.997223	0.990284	0.003559
	WCS	1	1	1	0
	PSO	1	−0.99987	−0.99687	0.000619
	ACO	1	1	1	0
	GSA	1	0.993167	0.990284	0.003921
	BA	1	0.997667	0.990280	0.004193
f_2	CS	3.60E+03	3.55E+03	2.75E+03	194.7101
	WCS	3600	3600	3600	0
	PSO	3.60E+03	3.60E+03	3.59E+03	0.000162
	ACO	3600	3600	3600	0
	GSA	3.58E+03	3.14E+03	2.71E+03	325.5879
	BA	3600	3600	3600	0
f_3	CS	−0.000890	−0.202307	−1.041848	0.274363
	WCS	0	0	0	0
	PSO	0	−1.69E−05	−5.08E−04	0.000077
	ACO	0	0	0	0
	GSA	0	−0.047840	−0.853809	0.127847
	BA	0	−2.82E−07	−4.64E−06	6.62E−07

续表

函数	算法	最优值	平均值	最差值	标准差
f_4	CS	-6.67E-09	-2.52E-04	-6.28E-03	0.000989
	WCS	0	0	0	0
	PSO	-2.36E-13	5.43E-11	-5.18E-10	7.99E-11
	ACO	0	0	0	0
	GSA	0	-0.006084	-0.029799	0.00614
	BA	-3.58E-12	-3.99E-10	-1.41E-09	3.98E-10
f_5	CS	-3	-3	-3	0
	WCS	-3	-3	-3	0
	PSO	-3.0000001	-3.000004	-3.000019	4.98E-08
	ACO	-3	-3.167406	-3.665694	0.176342
	GSA	-3	-3.010484	-3.3917	0.058115
	BA	-3	-3	-3	0

根据表 3.5 中结果可以得出，在这五个测试函数求解中，WCS 算法能够很快找到最优解和其他算法相比，性能较好，蚁群算法性能紧跟其次，对函数 1 到 5 能收敛到最优值，但对函数 5 的求解精度不够。CS 算法求解的稳定性不高。对于函数 1 和 2，WCS 算法和 ACO 算法都有很好的收敛性，能快速找到最优解；对于函数 3，改进布谷鸟算法和 ACO 算法性能明显比 PSO、GSA 和 BA 算法好；在对函数 4 求解时，WCS 和 ACO 算法能够找到最优值；对于函数 5，CS 算法、WCS 算法和 BA 算法优化性能明显比其他算法的求解结果好。

因此，本章对布谷鸟算法在存在的收敛速度慢、收敛度不高等问题，加入随机惯性权重进行改进，通过引入随机惯性权重改变鸟窝更新位置的方式，分析了随机惯性权重的取值范围对算法性能的影响，得出求得最优解的惯性权重取值范围。通过实验发现改进后的算法能用动态惯性权重钳制种群探索能力和开发能力，有效地制约了局部搜索和全局搜索能力之间的平衡。通过仿真实验结果表明，WCS 算法与基本布谷鸟算法相比，可以显著减少迭代次数，缩短运行时间；和其他算法进行实验仿真结果对比发现，改进 WCS 算法有较强的收敛性和求解稳定性。最后，讨论了算法参数设置的影响，随着种群规模增大，仍需惯性权重的调节，且其取值范围不变，也说明了引入随机惯性权重后的改进算法有更好的优化能力。

参考文献

[1] YANG X S, DEB S. Cuckoo search via Lévy flights [C] //Nature & Biologically Inspired Computing, 2009. NaBIC 2009. World Congress on. IEEE, 2009: 210-214.

[2] GANDOMI A H, YANG X S, ALAVI A H. Cuckoo search algorithm: a metaheuristic approach to solve structural optimization problems [J]. Engineering with Computers, 2013, 29 (1): 17-35.

[3] JIANG M, LUO Y P, YANG S Y. Stochastic convergence analysis and parameter selection of thestandard particle swarm optimization algorithm [J]. Information Processing Letters, 2007, 102 (1): 8-16.

[4] JR I F, FISTER D, FISTER I. A comprehensive review of cuckoo search: variants and hybrids [J]. International Journal of Mathematical Modelling and Numerical Optimisation, 2013, 4 (4): 387-409.

[5] 潘小相. 基于电子商务的物流配送中心选址研究 [D]. 中南大学, 2013.

[6] YANG X S, DEB S. Engineering optimisation by cuckoo search [J]. International Journal of Mathematical Modelling and Numerical Optimisation, 2010, 1 (4): 330-343.

[7] RAJABIOUN R. Cuckoo optimization algorithm [J]. Applied soft computing, 2011, 11 (8): 5508-5518.

[8] CIVICIOGLU P, BESDOK E. A conceptual comparison of the Cuckoo-search, particle swarm optimization, differential evolution and artificial bee colony algorithms [J]. Artificial Intelligence Review, 2013, 39 (4): 315-346.

[9] ONG P, ZAINUDDIN Z. An efficient cuckoo search algorithm for numerical function optimization [C] //PROCEEDINGS OF THE 20TH NATIONAL SYMPOSIUM ON MATHEMATICAL SCIENCES: Research in Mathematical Sciences: A Catalyst for Creativity and Innovation. AIP Publishing,

2013，1522（1）：1378-1384.

[10] JAMIL M，ZEPERNICK H J. Multimodal function optimisation with cuckoo search algorithm [J]. International Journal of Bio - Inspired Computation，2013，5（2）：73-83.

[11] 李煜，马良．新型元启发式布谷鸟搜索算法 [J]. 系统工程，2012（8）：64-69.

[12] 吴炅，周健勇．整数规划的布谷鸟算法 [J]. 数学理论与应用，2013（3）：99-106.

[13] 李志平，王勇，张呈志．云模型的布谷鸟搜索算法 [J]. 计算机应用研究，2016（1）：92-97.

[14] OUYANG X，ZHOU Y，LUO Q，et al. A novel discrete cuckoo search algorithm for spherical traveling salesman problem [J]. Appl. Math，2013，7（2）：777-784.

[15] FATEEN S E K，BONILLA-PETRICIOLET A. A note on effective phase stability calculations using a Gradient - Based Cuckoo Search Algorithm [J]. Fluid Phase Equilibria，2014，375（6）：360-366.

[16] 杜利敏，阮奇，冯登科．基于共轭梯度的布谷鸟搜索算法 [J]. 计算机与应用化学，2013（4）：406-410.

[17] 孙晨，李阳，李晓戈，于娇艳．基于布谷鸟算法优化 BP 神经网络模型的股价预测 [J]. 计算机应用与软件，2016（2）：276-279.

[18] 张晶，吴虎胜．改进二进制布谷鸟搜索算法求解多维背包问题 [J]. 计算机应用，2015，35（1）：183-188.

[19] 赵玉新，XIN-SHE YANG. 新兴元启发式优化方法．[M]. 北京：科学出版社，2013，192-193.

[20] ZHANG Y，WANG L，WU Q. Modified Adaptive Cuckoo Search（MACS）algorithm and formal description for global optimisation [J]. International Journal of Computer Applications in Technology，2012，44（2）：73-79.

[21] WALTON S，HASSAN O，MORGAN K，Brown. MR Modified cuckoo search：a new gradient free optimization algorithm. Chaos Solitons

Fractals, 2011, 44 (9): 710-718.

[22] VALIAN E, MOHANNA S, TAVAKOLI S. Improved cuckoo search algorithm for feedforward neural network training [J]. International Journal of Artificial Intelligence & Applications, 2011, 2 (3): 36-43.

[23] 王李进，尹义龙，钟一文. 逐维改进的布谷鸟搜索算法 [J]. 软件学报，2013 (11): 2687-2698.

[24] 宋玉坚，叶春明，黄佐钘. 基于克隆布谷鸟算法的资源均衡优化 [J]. 计算机应用研究，2014，31 (5): 1324-1327.

[25] ZHENG H, ZHOU Y. A novel cuckoo search optimization algorithm based on Gauss distribution [J]. Journal of Computational Information Systems, 2012, 8 (10): 4193-4200.

[26] 王凡，贺兴时，王燕. 基于高斯扰动的布谷鸟搜索算法 [J]. 西安工程大学学报，2011，25 (4): 566-569.

[27] 李炳宇，萧蕴诗，吴启迪. 一种基于粒子群算法求解约束优化问题的混合算法 [J]. 控制与决策，2004，19 (7): 804-807.

[28] GHODRATI A, LOTFI S. A Hybrid CS/PSO Algorithm for Global Optimization [C] // Asian Conference on Intelligent Information & Database Systems. 2012, 7198: 89-98.

[29] WANG F, HE X, LUO L, et al. Hybrid optimization algorithm of PSO and Cuckoo Search [C] // International Conference on Artificial Intelligence, Management Science and Electronic Commerce. IEEE, 2011: 1172-1175.

[30] GHODRATI A, LOTFI S. A hybrid CS/GA algorithm for global optimization [C] //Proceedings of the International Conference on Soft Computing for Problem Solving (SocProS 2011) December 20-22, 2011. Springer India, 2012: 397-404.

[31] LIM W C E, KANAGARAJ G, PONNAMBALAM S G. A hybrid cuckoo search-genetic algorithm for hole-making sequence optimization [J]. Journal of Intelligent Manufacturing, 2014: 1-13.

[32] KANAGARAJ G, PONNAMBALAM S G, JAWAHAR N. A hybrid

cuckoo search and genetic algorithm for reliability-redundancy allocation problems [J]. Computers & Industrial Engineering, 2013, 66 (4): 1115-1124.

[33] LAYEB A. A novel quantum inspired cuckoo search for knapsack problems [J]. International Journal of Bio-Inspired Computation, 2011, 3 (5): 297-305.

[34] NAWI N M, KHAN A, REHMAN M Z. A New Levenberg Marquardt Based Back Propagation Algorithm Trained with Cuckoo Search [J]. Procedia Technology, 2013, 11 (1): 18-23.

[35] LONG W, LIANG X, HUANG Y, et al. An effective hybrid cuckoo search algorithm for constrained global optimization [J]. Neural Computing and Applications, 2014, 25 (3): 911-926.

[36] LI X, WANG J, YIN M. Enhancing the performance of cuckoo search algorithm using orthogonal learning method [J]. Neural Computing and Applications, 2014, 24 (6): 1233-1247.

[37] MUSIGAWAN P, CHIEWCHANWATTANA S, SUNAT K. Improved differential evolution via cuckoo search operator [C] //Neural Information Processing. Springer Berlin Heidelberg, 2012, 7663: 465-472.

[38] KHAN K, SAHAI A. Neural-based cuckoo search of employee health and safety (hs) [J]. Int. J. Intell. Syst. Appl. (IJISA), 2013, 5 (2): 76-83.

[39] 韦向远，杨辉华，谢谱模. 基于CUDA的并行布谷鸟搜索算法设计与实现 [J]. 计算机科学与探索，2014，8 (6)：665-673.

[40] 张晶，吴虎胜. 改进二进制布谷鸟搜索算法求解多维背包问题 [J]. 计算机应用，2015，35 (1)：183-188.

[41] OUAARAB A, AHIOD B, YANG X S. Random-key cuckoo search for the travelling salesman problem [J]. Soft Computing, 2014, 19 (4): 1099-1106.

[42] MARICHELVAM M K, PRABAHARAN T, YANG X S. Improved cuckoo search algorithm for hybrid flow shop scheduling problems to minimize makespan [J]. Applied Soft Computing, 2014, 19 (1): 93-101.

[43] ZHOU Y, ZHENG H, LUO Q, et al. An improved Cuckoo search algorithm for solving planar graph coloring problem [J]. Appl. Math, 2013, 7 (2): 785-792.

[44] BHANDARI A K, SINGH V K, KUMAR A, et al. Cuckoo search algorithm and wind driven optimization based study of satellite image segmentation for multilevel thresholding using Kapur'sentropy [J]. Expert Systems with Applications, 2014, 41 (7): 3538-3560.

[45] KUMAR N M, PANDA R. A novel adaptive cuckoo search algorithm for intrinsic discriminant analysis based face recognition [J]. Applied Soft Computing, 2016 (38): 661-675.

[46] WALIA G S, KAPOOR R. Intelligent video target tracking using an evolutionary particle filter based upon improved cuckoo search [J]. Expert Systems with Applications, 2014, 41 (14): 6315-6326.

[47] POP C B, CHIFU V R, SALOMIE I, et al. Cuckoo - inspired hybrid algorithm for selecting the optimal web service composition [C] //Intelligent Computer Communication and Processing (ICCP), 2011 IEEE International Conference on. IEEE, 2011: 33-40.

[48] 戴臻. 布谷鸟算法优化支持向量机的网络热点话题预测 [J]. 计算机应用与软件, 2014 (4): 330-333.

[49] MORAVEJ Z, AKHLAGHI A. A novel approach based on cuckoo search for DG allocation in distribution network [J]. International Journal of Electrical Power & Energy Systems, 2013, 44 (1): 672-679.

[50] ABD-ELAZIM S M, ALI E S. Optimal location of STATCOM in multimachine power system for increasing loadability by Cuckoo Search algorithm [J]. International Journal of Electrical Power & Energy Systems, 2016 (80): 240-251.

[51] GUPTA D, DAS B, PANCHAL V K. Applying case based reasoning in cuckoo search for the expedition of groundwater exploration [C] // Proceedings of Seventh International Conference on Bio - Inspired Computing:

Theories and Applications（BIC-TA 2012）. Springer India，2013：341-353.

［52］PRAKASH M，SARANYA R，JOTHI K R，et al. An optimal job scheduling in grid using cuckoo algorithm［J］. Int. J. Comput. Sci. Telecomm，2012，3（2）：65-69.

［53］WANG J，ZHOU B，ZHOU S. An Improved Cuckoo Search Optimization Algorithm for the Problem of Chaotic Systems Parameter Estimation［J］. Computational Intelligence & Neuroscience，2016（2）：1-8.

［54］高述涛. CS 算法优化 BP 神经网络的短时交通流量预测［J］. 计算机工程与应用，2013，49（9）：106-109.

［55］JAMIL M，ZEPERNICK H J. Multimodal function optimisation with cuckoo search algorithm［J］. International Journal of Bio-Inspired Computation，2013，5（2）：73-83.

［56］AHMED J，SALAM Z. A Maximum Power Point Tracking（MPPT）for PV system using Cuckoo Search with partial shading capability［J］. Applied Energy，2014，119（12）：118-130.

［57］VALIAN E，MOHANNA S，TAVAKOLI S. Improved cuckoo search algorithm for feedforward neural network training［J］. International Journal of Artificial Intelligence & Applications，2011，2（3）：36-43.

［58］SOOD M，KAUR G. Speaker recognition based on cuckoo search algorithm［J］. Int. J. InnovativeTechnol. Explor. Eng.（IJITEE），2013，2（5）：311-313.

［59］CHAOWANAWATEE K，HEEDNACRAM A. Implementation of cuckoo search in RBF neural network for flood forecasting［C］//Computational Intelligence，Communication Systems and Networks（CICSyN），2012 Fourth International Conference on. IEEE，2012：22-26.

［60］SHI Y，EBERHART R. A modified particle swarm optimizer［C］//Evolutionary Computation Proceedings，1998. IEEE World Congress on Computational Intelligence，The 1998 IEEE International Conference on. IEEE，1998：69-73.

[61] SHI Y, EBERHART R C. Empirical study of particle swarm optimization [C] //Evolutionary Computation, 1999. CEC 99. Proceedings of the 1999 Congress on. IEEE, 1999, 3: 1945-1949.

[62] PERAM T, VEERAMACHANENI K, MOHAN C K. Fitness-distance-ratio based particle swarmoptimization [C] //Swarm Intelligence Symposium, 2003. SIS'03. Proceedings of the 2003 IEEE. IEEE, 2003: 174-181.

[63] SHI Y, EBERHART R C. Fuzzy adaptive particle swarm optimization [C] //Evolutionary Computation, 2001. Proceedings of the 2001 Congress on. IEEE, 2001, 1: 101-106.

[64] EBERHART R C, SHI Y. Tracking and optimizing dynamic systems with particle swarms [C] //Evolutionary Computation, 2001. Proceedings of the 2001 Congress on. IEEE, 2001, 1: 94-100.

[65] ZHANG L, YU H, HU S. A new approach to improve particle swarm Optimization [C] //Genetic and Evolutionary Computation—GECCO 2003. Springer Berlin Heidelberg, 2003: 134-139.

[66] 王俊伟,汪定伟.粒子群算法中惯性权重的实验与分析 [J]. 系统工程学报, 2005, 20 (2): 194-198.

[67] 张永韡,汪镭,吴启迪.动态适应布谷鸟搜索算法 [J]. 控制与决策, 2014, 29 (4): 617-622.

[68] 王凡,贺兴时,王燕,等.基于 CS 算法的 Markov 模型及收敛性分析 [J]. 计算机工程, 2012, 38 (11): 180-182.

[69] 李枝勇,马良,张惠珍.蝙蝠算法收敛性分析 [J]. 数学的实践与认识, 2013, 43 (12): 182-190.

[70] 刘洪波,王秀坤,谭国真.粒子群优化算法的收敛性分析及其混沌改进算法 [J]. 控制与决策, 2006, 21 (6): 636-640.

[71] 周欢,李煜.具有动态惯性权重的布谷鸟搜索算法 [J]. 智能系统学报, 2015, 10 (4): 645-651.

[72] 马良.基于蚂蚁算法的函数优化 [J]. 控制与决策, 2002, 17 (B11): 719-722.

[73] 李枝勇，马良，张惠珍. 多目标 0-1 规划问题的蝙蝠算法 [J]. 智能系统学报，2014，9（6）：672-676

[74] EBERHART R C，SHI Y. Comparing inertia weights and constriction factors in particle swarm optimization [C] //Evolutionary Computation，2000. Proceedings of the 2000 Congress on. IEEE，2000，1：84-88.

第 4 章

量子算法

4.1 量子组合算法研究现状及发展

量子计算（Quantum Computing，QC）是信息科学和量子力学相结合的新兴交叉科学，自 20 世纪 80 年代初 Benioff 和 Feynman 提出量子计算[1,2]概念后，量子计算以其独特的计算方式引起了学者们广泛关注。量子算法是相对于经典算法而言的，其最本质的特征就是具有量子并行性。利用量子态的叠加性和相干性，以及量子比特之间的纠缠性，量子力学直接进入算法领域。量子算法是加速运算的关键，它不依靠器件速度与集成度，到目前为止，较成功的量子算法有 1985 年 Deutsch 提出的 Deutsch 量子算法，[3]该算法将量子并行性和量子力学中干涉（interference）的性质结合起来予以实现。1994 年，Peter Shor 提出的一种因子分解算法——Shor 量子算法。[4]1996 年，Grover 提出的一种量子搜索算法，[5]将问题的搜索步数从经典算法的 N 缩小到 $\sqrt{N}$。

量子算法（Quantum Algorithm）得以实现的前提，在于用量子位（qubit）代替了经典的位（bit）。在量子信息中，二态的量子体系，可以是一个二能的原子或粒子，也可以是一个自旋为 1/2 的粒子或具有两个偏振方向的光子，所有这些体系，均被称为量子比特即量子位。区别于经典比特，在量子体系中，一位的信息位由两个本征态的任意叠加态所构成，即量子比特。例如，一个 n 位二进制串在量子体系可同时表示 $2n$ 个信息，而量子计算机对每个叠加分量（本征态）实现的变换相当于一种经典计算，所有这些经典计算同时完成，并按一定的概率振幅叠加起来，给出量子计算的结果。

经过科学家们的不断努力，量子计算机和量子算法研究取得了很大进展。目前，世界上已经出现了第一款量子计算机 D-Wave，其运算速度比普通计算机快了近 3600 倍。但量子计算机的物理实现目前还处在初级阶段，并未能普遍，美国 NASA 以及中国科研机构正在紧锣密鼓地研发量子计算机。目前，尽管以量子计算机为物理设备进行量子计算和量子信息处理还不能普及，但诸如量子比特、量子态、量子叠加态、量子态纠缠、量子态测量和坍缩这些量子力学的概念和规律，可以有效地帮助人们去创建解决问题的新方法。信息处理领域的一些研究人员开始尝试借助量子系统的规律开发在当前计算机上实现新的信息处理方法，即所谓量子优化算法。量子优化方法是借鉴量子理论来解决某些特定问题的算法总称，利用量子系统的规律来构造解决某些具体问题的新方法或改进现有的处理方法，并且不会受量子系统的物理限制和约束。量子计算的并行性、指数级存储容量和指数加速等特征为计算智能提供了更多的发展方向，结合量子计算和传统智能优化算法具有较大的理论价值和应用潜力。[6,7]

4.1.1 量子遗传算法

量子遗传算法[8]（Quantum Genetic Algorithm，QGA）是英国 Exter 大学的 Ajit Narayanan 和 Mark Moore 于 1996 年提出来的，是进化算法理论和量子计算理论相结合的产物。算法将量子比特的概率幅表示应用于染色体的编码，使一条染色体可以表达多个态的叠加，同时利用量子旋转门等操作实现染色体的更新，从而实现了目标的最优化求解，其收敛速度有显著的提高。2000 年，Han Kuk Hyun 等将量子比特和量子旋转门引入遗传算法中，[9]提出求解 0-1 背包问题的量子遗传算法，其求解效果有了很大提高。2004 年，Han Kuk Hyun 又提出了一种基于 Hε 旋转门操作的量子遗传算法。[10]这种新的旋转门操作能够使初始量子个体具备更多与最优解相关的信息，因此能够大幅提升求解效率，并且能够有效避免陷入局部最优。随着量子遗传算法的提出和发展，其在组合优化[11-13]、函数优化[14,15]、信号处理[16,17]、自动控制[18,19]和数字通信[20,21]中都有着广泛的应用。

4.1.2 量子退火算法

1998 年，Tadashi[22]首次利用量子退火研究了最优化问题，并把这种思想应用于横向伊辛（Ising）模型和旅行商问题，综合讨论了量子退火相对于模拟退火的优越性及其原因。不同于经典模拟退火基于热波动原理来搜寻问题的最优解，量子退火（Quantum Annealing，QA）利用量子波动来构建优化算法。量子退火通过模拟量子隧穿效应这一过程来实现对目标系统的优化，利用量子波动产生的量子隧穿效应可以有效地使算法摆脱局部最优，从而实现全局优化。为了用经典计算机模拟量子受控演化来实现优化目标的过程，对于低维情况，Stella 等人[23,24]用直接解薛定谔方程的方法（数值法）来获得量子系统的概率分布以优化一维的连续函数。但是在实际应用中，优化问题大多是高维的复杂问题，直接解薛定谔方程的方法计算代价太大，通常采用随机过程的方法来模拟量子退火过程。Kadowaki 和 Hidetoshi[25]用这种方法求解了横向场随机 Ising 模型。在已有的研究中，由于量子退火算法在某些问题上展现出良好的优化效果，使得人们越来越多的关注该算法，使用量子退火算法来解决实际应用问题的尝试[26]越来越多。

4.1.3 量子聚类算法

量子聚类（Quantum Clustering，QC）算法是一种无监督学习的聚类方法，量子聚类算法将研究粒子在量子空间中分布的量子力学与研究样本在尺度空间中分布情况的聚类算法相结合。一般来说，K 均值算法、模糊 C 均值聚类算法、自组织聚类算法等的结果均依赖于初始值的设置，即使聚类数目不变，其运行结果也会相差很大。而量子聚类算法不需要训练样本，借助势能函数从势能能量点的角度来确定聚类中心，可有效克服传统聚类算法的缺陷，并解决传统聚类不能求解的几类聚类问题。Horn 和 Gottlieb 对算法进行了深入研究，[27-29]并将其应用于生物信息学研究。[30]

4.1.4 量子神经网络

1995年，美国路易斯安那（Louisiana）州立大学的Kak教授首次提出了量子神经计算（Quantum Neural Computation，QNC）[31]概念，将量子计算与神经计算相结合。随后，又相继出现了多种量子神经计算模型。同年，Menneer和Narayanan等人提出的量子衍生神经网络（Quantum-inspired Neural Nets，QNN），[32]将量子理论中的多体观点应用于单层人工神经网络（Artificial Neural Network，ANN），并证明QNN在分类方面比ANN更有效。[33]2000年，Li wei-gang在量子隐形传态及智能延伸的基础上，提出了纠缠神经网络（Entangled Neural Networks）模型。[34]2005年，Noriaki Kouda等人利用量子相位提出了量子比特神经网络，[35,36]利用量子相位工作的量子神经元构成神经网络。通过比较各种量子神经网络及传统的神经网络的性能，发现量子神经网络的性能要优于传统的神经网络。近年来，量子神经网络在模式识别[37,38]、纠缠计算[39]等方面得到了初步应用。

4.1.5 量子微粒群算法

2004年，江南大学的学者Sun Jun[40]提出了具有量子行为的微粒群算法，它是在量子空间推导出的一种量子群优化算法，其粒子进化方程的形式更简单，参数更少。2006年，Mikki在深入研究势阱分布函数以及参数选择的基础上，验证了量子微粒群算法要比微粒群算法更优，并将其应用到电磁优化问题中。[41]2007年，高浩、须文波等[42]在QPSO的基础上，提出了一种基于相互学习方法的量子粒子群算法。通过近几年的研究，量子微粒群算法在图像分割问题[43]、图像增强问题[44]、波阻抗反演[45]中得到了应用。

4.2 群智能优化算法基本原理及其算法步骤

4.2.1 引言

量子群智能优化算法本质上是将量子力学中的量子态（Quantum State）、量子位（Qubit）和量子逻辑门（Quantum Logic Gates）等引入蚁群优化算法、蜂群优化算法、人工鱼群算法等群智能优化算法。量子计算本身的叠加性（superposition）、相干性（coherence）、纠缠性（entanglement）以及并行性（prallelism）与群体智能的灵活性、稳健性、自组织、多样性相结合，使得量子群智能优化算法具有较强的寻优能力，同时可很好地改进群智能优化算法易陷入局部最优、收敛速度过慢等问题。

本章所描述的群智能优化算法以及相关量子理论主要是为后续章节提供理论基础，因此这里并未过多论述群智能算法及量子计算，主要阐述蚁群优化算法、人工蜂群算法、人工鱼群算法以及本书使用到的量子计算原理。

4.2.2 群智能优化算法基本原理及其算法步骤

1. 蚁群优化算法（Ant Colony Optimization，ACO）

蚂蚁算法或蚁群优化算法[46-52]是一种源于大自然中生物世界的仿生类算法，作为通用型随机优化方法，它吸收了昆虫王国中蚂蚁的行为特性，通过其内在的搜索机制，在一系列困难的组合优化问题求解中取得了成效。据昆虫学家的观察和研究，发现生物世界中的蚂蚁有能力在没有任何可见提示下找出从其穴巢至食物源的最短路径，并且能随环境的变化而变化，适应性地搜索新的路线，产生新的选择。

昆虫学家 Deneubourg 等通过“双桥实验”，对蚁群的觅食行为进行了研究（见图 4.1）。对称双桥（两座桥的长度相同）A、B 将蚁巢与食物源分开，蚂蚁从蚁巢自由地朝着食物源移动。实验显示：初始阶段，蚁群随机地选择 A 桥或 B 桥，但是经过一段时间以后，由于某些随机因素，使通过某座桥的蚂蚁数增多或减少，蚂蚁就会趋向于走同一路径。Goss 用非对称双桥进行了实验，显示 80%以上蚂蚁选择了较短的桥（见图 4.2）。在非对称双桥实验中，随机抖动对胜出桥（有较多蚂蚁选择的桥）的影响较小，起主导作用的是信息激素挥发的引导行为。

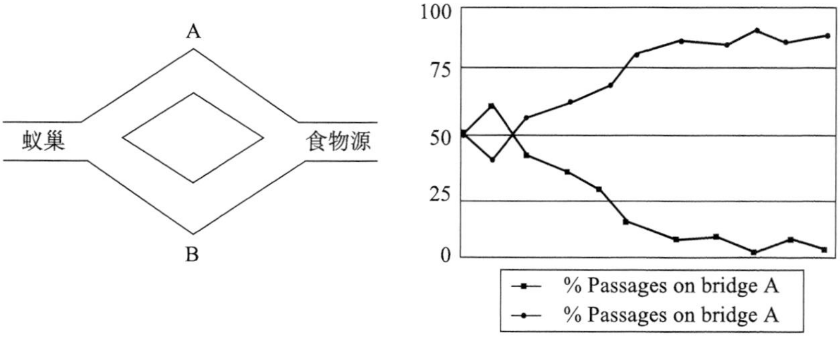

图 4.1　对称双桥实验（Deneubourg 等，1990）

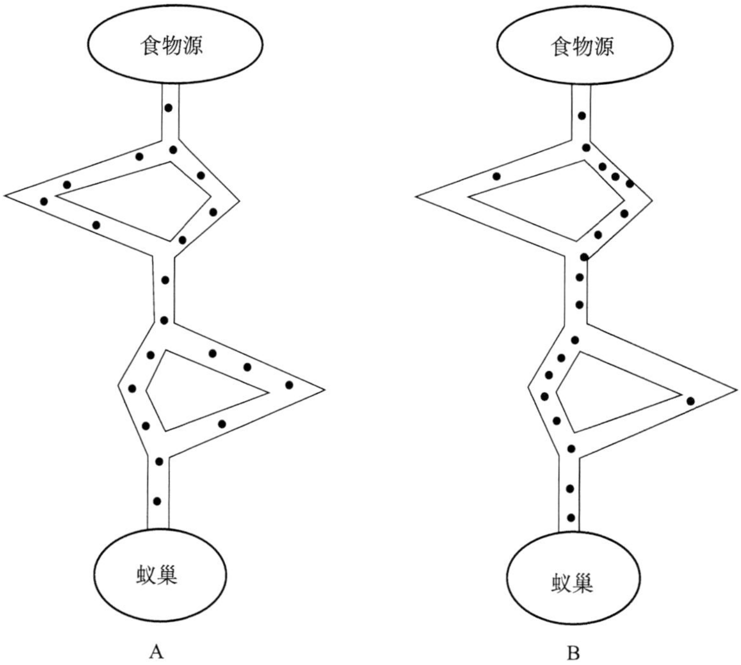

图 4.2　非对称双桥实验（Goss 等，1989）

蚁群为何能有如此神奇的行为？主要在于作为昆虫的蚂蚁在搜索食物源

时，能在其走过的路径上释放一种蚂蚁特有的分泌物——信息激素（pheromone），亦称外激素，使得一定范围内的其他蚂蚁能够觉察并由此影响它们之后的行为。当某些路径上走过的蚂蚁越来越多时，留下的信息素轨迹（trail）也越来越多，以致信息素强度增加（当然，随时间的推移会逐渐减弱），后来的蚂蚁选择该路径的概率也越高，从而更增加了该路径的信息素强度，蚂蚁群体就靠着这种内部的生物协同机制形成了一条它们自己并未意识到的最短路线。这种选择过程被称为蚂蚁的自催化行为（Autocatalytic Behavior），其原理是一种正反馈机制，因此，可将蚂蚁王国（Ant Colony）理解成所谓的增强型学习系统（Reinforcement Learning System）。

尽管蚂蚁的个体很简单，但整个群体却表现为高度结构化的社会组织，在很多情况下能够完成远远超出蚂蚁个体能力的复杂任务，这种能力来源于蚂蚁群体的一种协作行为。M. Dorigo 等人于 1991 年首先提出了蚁群算法，其主要特点是通过正反馈、分布式协作来寻找最优路径。这是一种基于种群寻优的启发式搜索算法，它充分利用了生物蚁群通过个体间简单的信息传递，搜索从蚁巢至食物间最短路径的集体寻优特征。

作为通用型随机优化方法，它吸收了昆虫王国中蚂蚁的行为特性，通过其内在搜索机制，在一系列困难的组合优化问题求解中取得了成效。由于模拟仿真中使用的是人工蚂蚁的概念，因此有时亦被称为蚁群系统（Ant System）。

蚁群算法在具体实施中有多种变形和修正，其基本步骤可描述为：

步骤 1：$nc \leftarrow 0$（nc 为迭代步数或搜索次数）；各 τ_{ij} ［边弧（i，j）的轨迹强度］和 $\Delta\tau_{ij}$ ［蚂蚁 k 于边弧（i，j）上留下的单位长度轨迹信息素数量］初始化；将 m 个蚂蚁置于 n 个顶点上。

步骤 2：将各蚂蚁的初始出发点置于当前解集中；对每个蚂蚁 k，按转移概率 p_{ij}^k 移至下一个顶点 j；将顶点 j 置于当前解集。

步骤 3：计算各蚂蚁的目标函数值 Z_k；记录当前的最好解。

步骤 4：按更新方程修改轨迹强度。

步骤 5：对各边弧（i，j），置 $\Delta\tau_{ij} \leftarrow 0$；$nc \leftarrow nc+1$。

步骤 6：若 $nc<$ 预定的迭代次数且无退化行为（找到的都是相同的

解），则转步骤 2。

步骤 7：输出目前的最好解。

在蚁群算法基本实施步骤中，常用的变量和常数有：

m：蚂蚁个数。

η_{ij}：边弧（i，j）的能见度（visibility），即$\frac{1}{d_{ij}}$。

τ_{ij}：边弧（i，j）的轨迹强度。

$\Delta\tau_{ij}^{k}$：蚂蚁 k 于边弧（i，j）上留下的单位长度轨迹信息素数量。

按照 $\Delta\tau_{ij}^{k}$的不同取法，可形成不同类型的蚁群算法，最基本的是 Ant-Cycle 模型：

$$\Delta\tau_{ij}^{k}=\begin{cases}\dfrac{Q}{Z_k}，若（i，j）在最优路径上，Z_k 为目标函数值\\ 0，其他\end{cases}$$

Ant-Density 模型：

$$\Delta\tau_{ij}^{k}=\begin{cases}Q，若（i，j）在最优路径上\\ 0，其他\end{cases}$$

Ant-Quantity 模型：

$$\Delta\tau_{ij}^{k}=\begin{cases}\dfrac{Q}{d_{ij}}，若（i，j）在最优路径上\\ 0，其他\end{cases}$$

P_{ij}^{k} 为蚂蚁 k 的转移概率，与 $\tau_{ij}^{\alpha}\cdot\eta_{ij}^{\beta}$ 成正比，是尚未访问的结点。轨迹强度的更形方程为 $\tau_{ij}^{new}=\rho\cdot\tau_{ij}^{old}+\sum_{k}\Delta\tau_{ij}^{k}$。这里各参数的含义如下：$\alpha$ 表示轨迹的相对重要性（$\alpha\geqslant0$），β 表示能见度的相对重要性（$\beta\geqslant0$），ρ 表示轨迹的持久性（$0\leqslant\rho\leqslant1$），可将 $1-\rho$ 理解为轨迹的衰减度（evaporation），Q 表示蚂蚁所留轨迹数量的一个常数。

蚁群算法具有较强的鲁棒性，相对于其他算法，蚁群算法对初始路线要求不高，即蚁群算法的求解结果不依赖于初始路线的选择，而且在搜索过程中不需要进行人工调整。此外，蚁群算法的参数数目少，设置简单，易于将其应用到其他组合优化问题的求解。

2. 人工蜂群算法（Artificial Bee Colony Algorithm，ABC）

蚂蚁并不是唯一充满群体智慧的昆虫，康奈尔大学的生物学家 Thomas Seeley 长期观察发现蜜蜂奇特的决策能力。蜜蜂做出决策依据的是一种“集思广益”“各抒己见”的有效机制，这个法则使蜜蜂达到选择最优化。蜂群在采蜜过程中，首先派遣一些侦查蜂去搜寻花朵，侦查蜂随机地在不同花朵间移动。在收获季节，蜂群通过保持一定比例的侦查蜂来继续他们的采蜜过程。[54]当侦查蜂飞回巢穴时，那些发现满足一定质量要求（花粉的质量是从很多方面组合来衡量的，如花蜜的糖分等）花蜜的侦查蜂会先卸下其采到的花蜜或花粉，然后去蜂巢中的舞池中跳一种称为“摇摆舞”的舞蹈，[53]这种神秘的舞蹈对于蜜蜂间的交流至关重要。舞蹈暗示了它所采集过的花朵的三个信息：花朵所在方向、离开巢穴的距离以及花蜜的质量等级。[53,55]这些信息能够帮助蜂群在没有向导和地图的情况下准确派遣蜜蜂去那些花朵处，每个蜜蜂所了解到的外部信息都能从其摇摆舞中体现，如此蜂群还可以根据花蜜的质量和采蜜所需能量来判断花蜜的等级。[55]侦查蜂跳完摇摆舞后，仍飞回它们找到花朵的地方，原来等待在巢穴中的蜜蜂会尾随其后。这样，可以搜寻更多的花朵，从而使蜂群快速而有效地获取食物。在一朵花上采完蜜后，蜜蜂会自动调整身体里的食物水平，这对它们再次回到巢穴跳摇摆舞至关重要。[55]如果采过蜜的花朵仍然足够好，那么摇摆舞中还会继续体现，更多的蜜蜂仍然会去那里采蜜。图 4.3 为蜂群采蜜的原理，S 表示侦察蜂搜寻蜜源，R 表示其他蜜蜂看到摇摆舞后被招募开始寻找蜜源，UF 表示蜜蜂放弃蜜源回到蜂房成为待工的跟随蜂，EF1 表示蜜蜂在回到同一蜜源前，跳摇摆舞招募蜂房其他蜜蜂，EF2 表示蜜蜂不招募其他蜜蜂继续采蜜。

通过研究蜂群的采蜜过程，发现蜜蜂可以通过气味、摇摆舞等多种信息交流方式，使整个蜂群协调完成收获花粉的工作，这种方式使蜂群成为具有自组织性、自我适应性及鲁棒性强的群体。Seeley 最先提出蜂群的自组织模拟模型，受蜂群采蜜过程启发而提出的蜂群优化算法，正是建立在蜜蜂自组织模型和群体智能基础上的一种非数值优化计算方法。Dervis

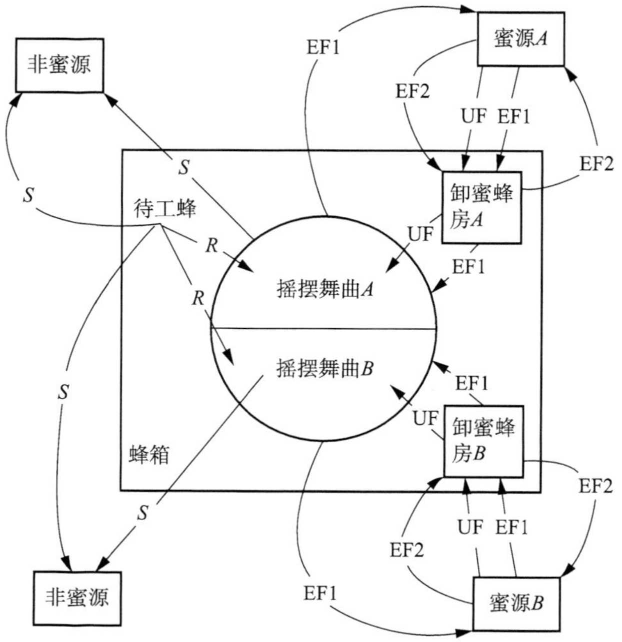

图 4.3　蜂群采蜜原理

Karaboga[56] 在 2005 年成功将该方法应用在函数的数值优化问题上，并提出了比较系统的人工蜂群优化算法（Artifical Bee Colony Algorithm，ABC）。

人工蜂群优化算法简单，鲁棒性强，在非限制性数值优化函数上有着比常见的启发式算法更为优越的性能，其基本步骤如下：

步骤 1：随机产生一组解作为初始解组。

步骤 2：求当前解所对应的目标值。

步骤 3：形成新的解（当停止条件不满足时）。

步骤 4：指派蜜蜂去那些选定的花朵处（最好的 e 个点处指派更多的蜜蜂）并计算相应的目标值。

步骤 5：从每个花朵处选择最合适的蜜蜂。

步骤 6：指派剩下的蜜蜂进行随机搜索并计算它们对应的目标值。

步骤 7：当不满足停止条件时，重复开始步骤三至步骤七。

人工蜂群优化算法中需要设置一定的参数，如侦查蜂的数量 n，n 个可采蜜点中挑选的点的数量 m，挑选的 m 个点中最优点的数量 e，指派去

最优的 e 个点的蜜蜂数量 nep，起始的花朵数量 ngh。算法开始时，n 个侦查蜂随机地放置于搜索区域中。

3. 人工鱼群算法（Artificial Fish swarm Algorithm，AFSA）

人工鱼群算法[57]由我国学者李晓磊博士于2002年提出，主要通过模拟鱼群的觅食和生存活动来实现空间中寻求全局最优。在一片水域中，鱼类一般都能找到富含营养物质的地方并聚集成群。在这种群体活动中，没有统一的协调者，而是通过每个鱼类个体的自适应性行为来达到群体协同。人工鱼群算法的主要原理是通过模仿鱼群的觅食、聚群和追尾等行为，以及鱼群之间的相互协助实现全局寻优的目的，描述如下：

假设在一个 n 维目标搜索空间中，有 m 条组成一个群体的人工鱼，第 i（$i=1，2，\cdots，m$）条人工鱼的状态可表示为向量 $X_i=(x_{i1}，x_{i2}，x_{i3}，\cdots，x_{in})$，其中，$x_{ij}$（$j=1，2，\cdots，n$）为欲寻优的变量；人工鱼当前所在位置的食物浓度值表示为目标函数值 $Y_i=f(X_i)$；人工鱼个体之间的距离表示为 $d_{ij}=\|X_i-X_j\|$，其感知距离表示为 $Visual$；$Step$ 表示人工鱼移动的步长；δ 为拥挤度因子；$try\_\ number$ 表示人工鱼觅食最大的试探次数。

在人工鱼群算法中，寻优问题的解决与以下几种行为密切相关。

（1）觅食行为。设人工鱼当前的状态为 X_i，在其感知范围内随机选择一个状态 X_j，在求极大值问题时，若 $Y_i<Y_j$，则向该方向前进一步，即 $X_{i/next}$；反之，再重新随机选择状态 X_j，判断是否满足前进条件；如此反复尝试 $try\_\ number$ 次后，若仍不满足前进条件，则随机移动一步。其数学表达式为

$$X_{i/next}=\begin{cases}X_i+Rand\cdot step\cdot\dfrac{X_j-X_i}{\|X_j-X_i\|} & Y_i<Y_j\\ X_i+Rand\cdot step & Y_i>Y_j\end{cases}\tag{4-1}$$

式中，$Rand$ 为一个（0，1）的随机数。

（2）聚群行为。设人工鱼群探索当前邻域内（$d_{ij}<Visual$）的伙伴数目 n_f 及中心位置状态 X_c，如果 $Y_c/n_f<\delta Y_i$，表明伙伴中心有较多的食物且其周围不太拥挤，则朝伙伴中心位置方向前进一步；否则执行觅食行为。其数学表达式为：

$$X_{i/next}=\begin{cases}X_i+Rand\cdot step\cdot\dfrac{X_c-X_i}{\|X_c-X_i\|} & Y_c/n_f<\delta Y_j\\ \text{觅食行为} & Y_c/n_f\geqslant\delta Y_i\end{cases}\tag{4-2}$$

（3）追尾行为。设邻域内（$d_{ij}<Visual$）探索到的食物浓度最大状态为 $X_{\max}$，如果 $Y_{\max}/n_f<\delta Y$，表明 $X_{\max}$状态具有较高的食物浓度且其周围不太拥挤，则朝 $X_{\max}$的方向前进一步；否则执行觅食行为。其数学表达式为

$$X_{i/next}=\begin{cases}X_i+Rand\cdot step\cdot\dfrac{X_{\max}-X_i}{\|X_{\max}-X_i\|} & Y_{\max}/n_f<\delta Y_j\\ \text{觅食行为} & Y_{\max}/n_f\geqslant\delta Y_i\end{cases}\tag{4-3}$$

（4）随机行为。设人工鱼当前的状态为 X_i，随机选择另外一个状态 X_j向其移动。

（5）约束行为。在寻优过程中，由于聚群行为和随机行为等操作的作用，容易使人工鱼的状态变得不可行，这时需要加入相应的约束来对其进行规范，使它们由无效状态或不可行状态变成可行。

（6）公告板。用来记录最优人工鱼群个体的状态。各人工鱼个体在寻优过程中，每次行动完毕与公告板上的状态进行比较，如果自身状态优于公告板状态，就将公告板的状态改写为自身状态。

根据所要解决问题的性质，对人工鱼当前所处的环境进行评价，从而选择一种行为。如较常用的评价方法就是选择各行为中使得向最优方向前进最大的行为，也就是各行为中使得人工鱼的下一个状态最优的行为。如果没有能使下一状态优于当前状态的行为，则采取随机行为。

基本人工鱼群算法步骤如下：

步骤 1：设置人工鱼群的群体规模 N，每次移动最大的试探次数 Try_Number，迭代次数 $Number$，人工鱼的感知距离 $Visual$，拥挤度因子 δ。

步骤 2：初始化迭代次数，在可行域范围内随机生成 N 个人工鱼个体，形成初始鱼群，即产生 N 组 $\{Z_{ik}\}$（其中，$i=1,2,\cdots,N$；$k=1,2,\cdots,n$）。

步骤 3：计算初始鱼群中各人工鱼当前的函数值，并进行比较，最优值进入公告板。

步骤 4：各人工鱼分别模拟群聚行为和追尾行为，缺省行为为觅食行为。

步骤 5：各人工鱼执行一次行动后，比较两种行为的结果，选择实现较优的行为。

步骤 6：将较优的函数值与公告板上的最优值进行比较，若优于公告板，则更新公告板。

步骤 7：若迭代次数小于预置的最大迭代次数，则转步骤 4；否则，终止迭代，输出计算结果。

鱼群算法正是采用这种自下而上的设计方法，即首先构造人工鱼的个体模型；其次，个体会在寻优的过程中自适应地选择合适的行为；最后，全局最优结果通过群体或某个个体表现出来。该算法具有良好的克服局部极值、取得全局极值的能力，并且算法的实现无须目标函数的梯度值等特性，故其对搜索空间具有一定的自适应能力，本质上也属于群智能算法范畴。

4.3 量子计算基本原理

量子计算、量子搜索、量子优化算法是信息科学和量子力学相结合的新兴交叉学科，量子比特、量子门等构成了量子计算的理论基础。量子计算的基本原理是使量子态所处叠加态的各个基态间的相对相位和概率幅度发生改变，使各个基态的发生概率产生变化，从而使得其叠加态发生变化，具有干涉、叠加、并行等特性。在量子计算中，通过量子门实现某些逻辑变换的功能，通过量子的叠加、纠缠、不可克隆、量子波粒二象性导致量子态坍缩等状态来表示为量子信息。在量子群智能优化算法中，量子计算充当着加速和改进传统群智能算法的重要职能。

4.3.1 量子比特

量子比特是量子信息的基本存储单元，一个量子比特的状态是一个二维复数空间的向量，其两极化状态对应经典信息二进制存储单元状态的 0 和 1。量子比特区别于经典比特之处在于，一个量子比特可以连续、随机地存储在两个极化状态的任意叠加态上。[58]量子比特在经典计算中可以分为单量子比特、双量子比特以及多量子比特，本节侧重介绍后续章节使用到的单量子比特。

在量子信息论中，信息的载体为一个二态量子体系，可以是一个二能级的原子或离子，也可以是一自旋为 1/2 的粒子或具有两个偏振方向的光子，所有这些体系均被称为量子比特（quantum bit，qubit)，即量子位。量子计算中，用量子比特来表示信息，采用 $|0\rangle$，$|1\rangle$ 来表示微观粒子的两种基本状态，单量子比特的任意状态都可以表示为这两个基本状态的线性组合。[59]记号“| >”称为 Dirac 记号，在量子力学中表示状态，量子比特除了 $|0\rangle$ 和 $|1\rangle$ 之外，还可以是叠加态（superposition)，可以表示为这两种状态之间的中间状态，即 $|\varphi\rangle=\alpha|0\rangle+\beta|1\rangle$，见图 4.4。其中，$\alpha$ 和 β 是一对复数，表示量子态的概率幅，即量子态 $|\varphi\rangle$ 以 $|\alpha|^2$ 的概率坍缩到 $|0\rangle$ 或以 $|\beta|^2$ 的概率坍缩到 $|1\rangle$，且满足 $|\alpha|^2+|\beta|^2=1$。

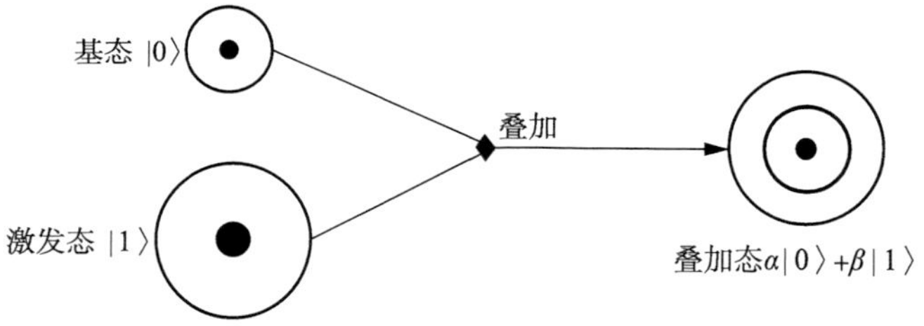

图 4.4　叠加态示意图

一个量子比特可同时包含 0 和 1 的信息，那么一个长度为 m 的量子位可以表示 2^m 个不同的状态，有 m 个量子位的个体 j 的概率幅可表示为

$$P_j=\begin{bmatrix}\alpha_1 & \alpha_2 & \cdots & \alpha_m \\ \beta_1 & \beta_2 & \cdots & \beta_m\end{bmatrix} \tag{4-4}$$

式中，$|\alpha_i|^2+|\beta_i|^2=1$（$i=1, 2, \cdots, m$）。

4.3.2　量子逻辑门

在量子计算中，通过对量子位状态进行一系列的酉变换来实现某些逻辑变换功能，在一定时间间隔内实现逻辑变换的量子装置称之为量子门。[59]量

子门是在物理上实现量子计算的基础，可以分为单比特量子门和多比特量子门，本书着重介绍后续使用到的单比特量子门。单比特的量子门可以由 2×2 的矩阵给出，对于用作量子门的矩阵 U 必须具有酉性，即 $U^{+}\cdot U=I$，其中 U^{+}是 U 的共轭转置，I 是单位矩阵，图 4.5 给出了常用的单比特量子逻辑门。由图可以看出，$H=(X+Z)/\sqrt{2}$ 和 $S=T^{2}$。在图 4.5 量子逻辑门中，本书主要应用了 Hadamard 门、量子旋转门和 Pauli-X 门。Hadamard 门是最常用、最重要的量子门，图 4.6 的 Bloch 球面说明了其作用。图中的 Hadamard 门将 $|\phi\rangle$ 绕 y 轴旋转了 90°，再绕 x 轴旋转了 180°，对应于球面上的即为旋转和反射。量子旋转门也是经常使用到的量子逻辑门，它可以使单量子比特的相位旋转 θ 弧度，其公式推导如下：

$$|\varphi\rangle=R|\varphi\rangle=\begin{bmatrix}\cos\theta & -\sin\theta\\ \sin\theta & \cos\theta\end{bmatrix}\begin{bmatrix}\cos\varphi\\ \sin\varphi\end{bmatrix}=\begin{bmatrix}\cos(\varphi+\theta)\\ \sin(\varphi+\theta)\end{bmatrix} \tag{4-5}$$

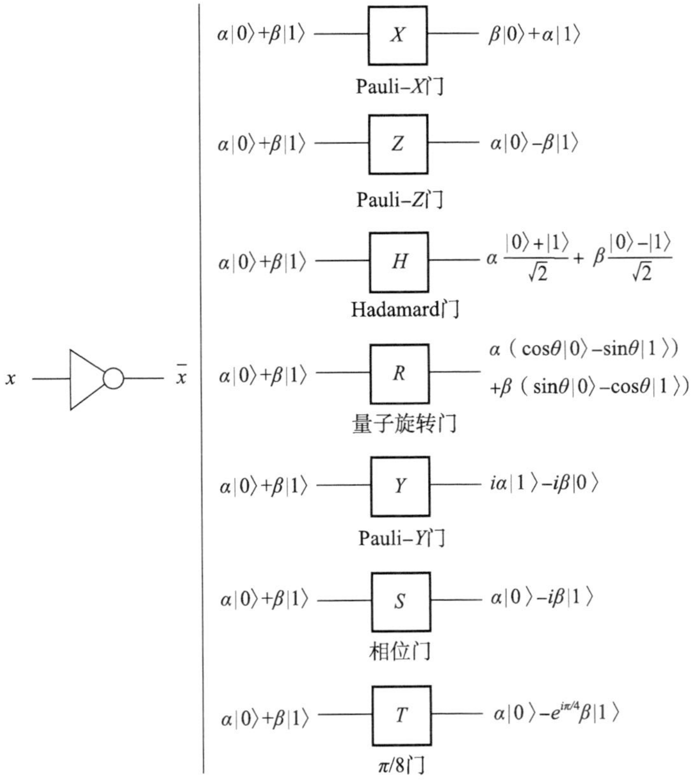

图 4.5　单比特及单比特量子门

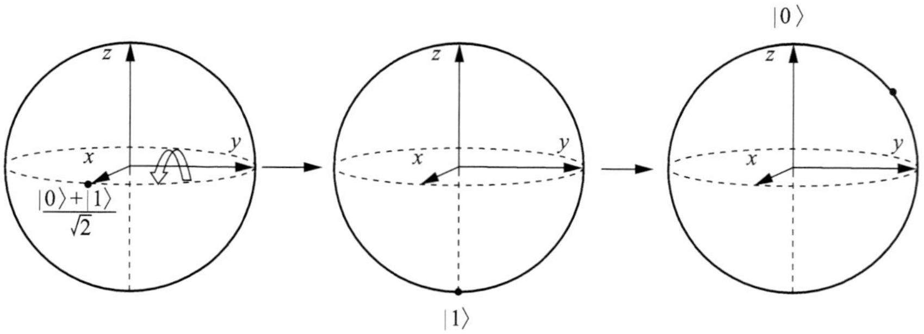

图 4.6 作用于（$|0\rangle+|1\rangle$）/$\sqrt{2}$上的 Hadamard 门在 Bloch 球面上的显示

4.3.3 基本量子算法

量子算法是加速运算的关键，它不依靠器件速度与集成度，到目前为止，较成功的基本量子算法是 1985 年 Deutsch 提出的 Deutsch 量子算法，该算法将量子并行性和量子力学中干涉（interference）的性质结合起来予以实现。1994 年，Peter Shor 提出一种因子分解的算法——Shor 量子算法。1996 年，Grover 提出一种量子搜索算法，将问题的搜索步数从经典算法的 N 缩小到$\sqrt{N}$。本节主要介绍量子蚁群算法中使用到的 Grover 搜索算法，Grover 算法对经典算法能起到二次加速作用，可显著提高搜索效率。[90]

Grover 算法的搜索过程是通过尽量少的次数使用 Oracle 求出搜索问题的一个解，其输入侧包含一个 n 量子比特寄存器和一个含若干个量子比特的 Oracle 工作空间，算法需要反复执行 $O(\sqrt{N})$ 次搜索，每一次搜索可以称为 Grover 迭代。

Grover 迭代的量子线路可分为如下四步：

步骤 1：应用 Oracle 算法子 O，检验每个元素是否为搜索问题的解。

步骤 2：对步骤 1 的结果施加 Hadamard 变换 $H^{\otimes n}$。

步骤 3：对步骤 2 的结果在计算机上执行条件相移，使以外的每个基本状态获得-1 的相位移动。

步骤 4：对步骤 3 的结果施加 Hadamard 变换 $H^{\otimes n}$。

在上述过程中，步骤 2 和步骤 4 的 Hadamard 变换各需要 $n=log_2N$ 次运算，步骤 3 的条件相移只需要用 O（n）个门即可实现。Oracle 的调用次数依赖于特定的应用，以上步骤迭代只用了一个 Oracle 调用。

Grove 搜索算法首先计算基的初态 $|0\rangle^{\otimes n}$，其中符号⊗表示张量积，再用 Hadamard 变换使计算机处于均衡叠加态，即 $|\varphi\rangle = \frac{1}{\sqrt{N}}\sum_{x=0}^{N-1}|x\rangle$，最后通过 $O(\sqrt{N})$ 次的 Grover 迭代完成搜索过程。

参考文献

[1] BENIOFF P. Quantum mechanical Hamiltonian models of turing machines [J]. Journal of Statistical Physics, 1982, 29 (3): 23-29.

[2] FEYNMAN P. Simulating physics with computers [J]. International Journal of Theoretical Physics, 1982, 21 (6&7): 467-488.

[3] DEUTSCH D. Quantum Computational Networks [C]. Proc. Roy. Soc. London, 1992, A. 439: 553- 558.

[4] SHOR P. W. A1gorithms for Quantum Computation [C] //Discrete Logarithms and Factoring. Proc. Of the 35th Annual Symp. on Foundations of Computer Science. New York, USA: IEEE Computer Society Press, 1994, 11: 124-134.

[5] GROVER L. K. A Fast Quantum Mechanics Algorithm for Database Search [C] //Proc. Of the 28th annual ACM Symp. on Theory of Computing. New York, USA: ACM Press, 1996, 6: 212-219.

[6] ABIDO. M. A. Particle swarm optimization for multimachine power system stabilizer design [A]. Power Engineering Society Summer Meeting Vol. 3, 2001: 1346-2001.

[7] A BARENCO, D. DEUTSCH, A. EKERT, R. JOZSA. Conditional quantum dynamics and logic gates [J]. Phys. Rev. Lett. 1995, 74 (20): 4083-4086.

[8] MOORE M. P. , Narayanan A. Quantum - Inspired Computing [R]. Department of Computer Science, University of Exeter, Exter EX4 4 P. T. , UK, 1995: 1-15.

[9] HAN KUK HYUN, KIM JONG HWAN. Genetic quantum algorithm and its application to combinatorial optimization problem [C] //Proc of IEEE Congress on Evolutionary Computation. 2000: 1354-1360.

[10] HAN KUK HYUN, KIM JONG HWAN. Quantum-inspired evolutionary algorithm with a new termination criterion, gate and two - phase scheme [J].

IEEE Trans on Evolutionary Computation，2004，8（2）：156-169.

［11］熊焰，陈欢欢，苗付友，等．一种解决组合优化问题的量子遗传算法 QGA［J］．电子学报，2004，32（11）：1855-1858.

［12］邢焕来，潘炜，邹喜华．一种解决组合优化问题的改进型量子遗传算法［J］．电子学报，2007，35（10）：1999-2002.

［13］王宇平，李英华．求解 TSP 的量子遗传算法［J］．计算机学报，2007，34（5）：748-755.

［14］陈辉，张家树，张超．实数编码混沌量子遗传算法［J］．控制与决策，2005，20（11）：1300-1303.

［15］张葛祥，李娜，金炜东，等．一种新量子遗传算法及其应用［J］．电子学报，2004，32（3）：476-479.

［16］邹益民，汪渤．基于量子遗传算法的滤波器参数优化［J］．系统工程与电子技术，2009，31（6）：1346-1349.

［17］李恒建，尹忠科，王建英．基于量子遗传优化算法的图像稀疏分解［J］．西南交通大学学报，2007，42（1）：19-23.

［18］李盼池，李士勇．基于量子遗传算法的正规模糊神经网络控制器设计［J］．系统仿真学报，2007，19（8）：3710-3714.

［19］曾成，赵锡均．改进量子遗传算法在 PID 参数整定中应用［J］．电力自动化设备，2009，29（10）：125-127.

［20］赵知劲，彭振，郑仕链，等．基于量子遗传算法的认知无线电频谱分配［J］．物理学报，2009，58（2）：1358-1362.

［21］汪鹏君，李辉，吴文晋，等．量子遗传算法在多输出 Reed-Muller 逻辑电路最佳极性搜索中的应用［J］．电子学报，2010，38（5）：1058-1063.

［22］TADASHI K.，HIDETOSHI N. Study of Optimization Problems by Quantum Annealing［D］. Japan：Department of Physics，Tokyo Institute of Technology，1998：1-30.

［23］STELLA L.，SANTORO G. E.，TOSATTI E. Monte Carlo studies of quantum and classical annealing on a double-well［J］. Physics Review B，

2006，73（14）：144302（1）-144302（15）.

［24］STELLA L.，SANTORO G. E.，TOSATTI E. Optimization by quantum annealing：Lessons from simple cases［J］. Physics Review B，2005，72（1）：014303（1）-014303（15）.

［25］KADOWAKI T.，HIDETOSHI N. Quantum annealing in the transverse Ising model［J］. Physics Review E，1998，58（5）：5355-5364.

［26］魏超，朱培民，王家映. 量子退火反演的原理和实现［J］. 地球物理学报，2006，49（2）：277-283.

［27］HORN D.，GOTTLIEB A. The method of quantum clustering［J］. Proc. of Advances in Neural Infor Proc. Systems，2001，14：769-776.

［28］HORN D.，GOTTLIEB A. Algorithm for data clustering in pattern recognition problems based on quantum mechanics［J］. Physical Review Letters，2002，88（1）：0187021. 1-0187021. 4.

［29］HORN D. Clustering via Hilbert space［J］. Physical A，2001，302：70-79.

［30］HORN D.，AXEL. I. Novel clustering algorithm for microarray expression data in a truncated SVD space［J］. Bioinformatics，2003，19（9）：1110-1115.

［31］KAK S. C. On quantum neural computing［J］. Information Sciences，1995，83（3&4）：143-160.

［32］MENNEER T.，NARAYANAN A. Quantum - inspired Neural Networks［C］. Tech. Rep. R329，Univ. of Exeter，1995：1-8.

［33］MENNEER T. Quantum artificial neural networks［D］. Ph. D. thesis of The Univ. of Exeter，UK，1998：1-52.

［34］LI WEI - GUANG. Quantum neural computing study［EB/OL］.［2000］. http：//www. cic. unb. br//~weigang/qc/enn2000. pdf.

［35］KOUDA N.，MATSUI N.，NISHIMURA H.，PEPER F.. Qubit neural network and its learning efficiency［J］. Neural Computing and Applications，2005，14（2）：114-121.

［36］KOUDA N.，MATSUI N.，NISHIMURA H.，PEPER F.. An examination of qubit neural network in controlling an inverted pendulum [J], Neural Processing Letters, 2005, 22 (3): 277-290.

[37] PURUSHOTHAMAN G., KARAYIANNIS N. B. Quantum Neural Networks (QNN's): Inherently fuzzy feed forward neural networks [J]. IEEE Trans. On Neural Networks, 1997, 8 (3): 679-693.

[38] LI F., ZHAO S. M., ZHENG B. Y. Quantum neural networks in speech recognition [C]. Proc. of ICSP02, Beijing, 2002: 1267-1270.

[39] BEHRMAN E., NASH L, et al.. Simulations of quantum neural networks. Information Sciences, 2000, 128 (3-4): 257-269.

[40] JUN SUN, BIN FENG, WENBO XU. Particle swam optimization with particles having quantum behavior [J]. Evolutionary Computation, 2004 (1): 19-23.

[41] MIKKI S. M. Quantum Particle Swarm Optimization for electromagnetics [J]. IEEE Transactions on Anten_ nas and propagation, 2006, 54 (10): 2764-2775.

[42] 高浩, 须文波, 孙俊. 一种优化高维函数的量子粒子群算法 [J]. 计算机应用, 2007, 27 (12): 2885-2887.

[43] 高浩. 量子粒子群算法在图像分割中的应用 [J]. 计算机工程与应用, 2007, 43 (33): 61-63.

[44] 孙勇强, 须文波, 孙俊. 基于量子行为微粒群优化算法的图像增强方法 [J]. 计算机应用, 2008, 8 (1): 202-204.

[45] 聂茹, 岳建华. 量子微粒群在波阻抗反演中的应用 [J]. 计算机工程与应用, 2009, 45 (5): 23-28.

[46] 马良. 离散系统优化的蚂蚁算法研究 [D]. 上海交通大学, 1999: 1-55.

[47] 马良. 来自昆虫世界的寻优策略——蚂蚁算法 [J]. 自然杂志, 1999, 21 (3): 161-163.

[48] 马良, 项培军. 蚂蚁算法在组合优化中的应用 [J]. 管理科学学报, 2004, 4 (2): 32-37.

[49] 马良. 瓶颈 TSP 的蚂蚁系统优化 [J]. 计算机工程, 2001, 27 (9): 24-25.

［50］马良．多目标投资决策模型的进化算法［J］．上海理工大学学报，1998，20（1）：56-59.

［51］马良，蒋馥．多目标旅行售货员问题的蚂蚁算法求解［J］．系统工程理论方法应用，1999，8（4）：23-27.

［52］马良，蒋馥．度限制最小树的蚂蚁算法［J］．系统工程学报，1999，14（3）：211-214.

［53］VON FRISCH KARL. Bees：Their vision，Chemical Senses and Language［M］. Cornell University Press，N. Y.，Ithaca，US，1976.

［54］THOMAS D SEELEY. The wisdom of the hive：The Social Physiology of Honey Bee Colonies［M］. Massachusetts：Harvard University Press，Cambridge，1996.

［55］CAMAZINE S.，DENEUBURG J.，FRANKS NR.，SNEYD J.，THERAULAZ G.，BONABEAU E. Self - organization in bilological systems［M］. Princeton University Press，2003.

［56］DERVIS KARABOGA. An idea based on honey bee swarm for numerical optimization［C］. Technical Report TR06，Erciyes University，Engineering Faculty，Computer Engineering Department，2005：1-10.

［57］李晓磊．一种新型的智能优化算法——人工鱼群算法［D］．浙江大学，2003：1-85.

［58］李士勇，李盼池．量子计算与量子优化算法［M］．哈尔滨：哈尔滨工业大学出版社，2009：1-29.

［59］MICHAEL A. NIELSEN，ISAAC L. CHUANG. Quantum Computation and Quantum Information［M］. Cambridge University Press，2000：171-593.

第5章

量子蚁群优化算法

本章在蚁群算法的基础上，结合量子计算，提出量子蚁群算法（Quantum-Inspired Ant Colony Algorithm，QACA），并将其应用到求解 0-1 背包问题、车辆路径问题（VRP）、带时间窗的车辆路径问题（VRPTW）、Steiner 最小树问题、图着色问题和 QoS 组播路由问题中，这些问题都是组合优化中的 NP-Hard 问题。[1-9] 量子蚁群算法将量子比特、量子逻辑门以及 Grover 量子搜索算法等引入蚁群算法中，再通过定义人工蚂蚁的转移概率，增加量子比特启发式因子，以及用量子旋转门实现信息素更新来提高算法的全局搜索能力，并有效避免算法陷入局部最优，加快收敛速度。经过一系列数据实例的计算与比较表明，算法具有良好的全局寻优能力。通过与其他算法的比较，进一步说明了量子蚁群算法是可行有效的。

5.1 量子蚁群算法基本思想

量子蚁群算法首先基于信息素强度和可见度构造的选择概率选择蚂蚁的前进目标，算法中的每只蚂蚁都携带一组表示蚂蚁当前位置信息的量子比特，在蚂蚁数目相同时，可使搜索空间加倍。针对蚁群算法因为种群多样性在搜索空间中的丢失而容易陷入局部最优的缺陷，在量子蚁群算法中，使用一种通过量子逻辑门设计的量子旋转操作来增加种群位置的多样性，避免算法早熟收敛。[18-22] 在算法寻优的过程中，采用量子旋转门来更新蚂蚁携带的信息素，加快算法的收敛速度；量子编码是将蚁群或食物源用量子的态矢量表示，使其能表达为多个态的叠加，在蚁群算法中使用量子比特增加了种群多样性，使算法能够在较小的种群规模下求得最优解，而量子门的引入则使算法具备了开发能力和探索能力，可保证算法收敛。利用量子比特的概率幅和量子逻辑门，能够较好地解决蚁群算法在求解问题时收敛速度慢和易于陷入局部最优的问题。

5.2 量子蚁群算法基本步骤

这里，以 TSP 问题为例阐述量子蚁群算法的基本步骤。

步骤 1：初始化量子种群，种群大小为 n，量子位数目为 m，种群 $p(t)=(p_1^t, p_2^t, p_3^t, \cdots, p_n^t)$，其中，$p_j^t$（$j=1, 2, \cdots, n$）为种群中第 t 次迭代的第 j 个个体，在开始时所有的 α_i，β_i（$i=1, 2, \cdots, m$）取值为 $1/\sqrt{2}$，即 $P_j^1=P_j^t\big|_{t=1}=1/\sqrt{2}$；$nc\leftarrow 0$（$nc$ 为迭代步数或搜索次数）；各 τ_{ij}［边弧（i, j）的轨迹强度］和 $\Delta\tau_{ij}$［蚂蚁 k 于边弧（i, j）上留下的单位长度轨迹信息素数量］初始化；蚂蚁数目与量子种群大小一致，顶点数目为量子位数目相同，将 m 个蚂蚁置于 n 个顶点上。

步骤 2：将各蚂蚁的初始出发点置于当前解集中；对每个蚂蚁 k，按转移概率 p_{ij}^k 移至下一个顶点 j；将顶点置于当前解集。

步骤 3：计算各蚂蚁的目标函数值 Z_k；记录当前的最好解。

步骤 4：应用量子逻辑门更新轨迹强度及量子信息。

步骤 5：对各边弧（i, j），置 $\Delta\tau_{ij}\leftarrow 0$；$nc\leftarrow nc+1$。

步骤 6：若 $nc<$预定的迭代次数且无退化行为（即找到的都是相同的解），则转步骤 2。

步骤 7：输出目前的最好解。

5.3 求解 0-1 背包的量子蚁群算法

5.3.1 问题描述

背包问题（Knapsack problem）是组合优化中的一个经典难题，[23] 有广泛的实际应用背景，如预算控制、项目选择、材料切割、货物装载等问题，常常作为其他问题的子问题加以研究。背包问题的描述有多种形式，一般整数背包问题可在有界的前提下化成等价的 0-1 背包问题。0-1 背包问题的求解方法主要分为精确算法和近似算法两大类，精确算法主要有动态规划法、回溯法和分支定界法等，近似算法有贪心法、Lagrange 法等。[24-30]

常见的 0-1 背包问题可描述为：给定 n 个物品和一个背包，每个物品 i 的价值为 p_i、重量为 w_i（$i=1, 2, \cdots, n$），背包能容纳的物品重量为 c。现要从这 n 个物品中选出若干件放入背包，使得放入物品的总重量不超过 c，且总价值达到最大。

设 p_i、w_i（$i=1, 2, \cdots, n$）分别为物品的价值和重量，V 为总重量限制，变量

$$x_i=\begin{cases}0, & \text{不携带物品 } i\\ 1, & \text{携带物品 } i\end{cases}\quad (i=1, 2, \cdots, n)$$

则问题模型可写成如下的 0-1 整数线性规划形式：

$$M\ ax\ Z=\sum_{i=1}^{n} p_i x_i$$

$$s.t.\begin{cases}\sum_{i=1}^{n} w_i x_i \leqslant V\\ x_i \in \{0, 1\}\end{cases}\quad (i=1, 2, \cdots, n)$$

5.3.2 信息素表示

一个量子比特可同时包含 0 和 1 的信息，那么一个长度为 m 的量子位可以表示 2^m 个不同的状态，有 m 个量子位的个体 j 的概率幅可表示为

$$P_j=\begin{bmatrix}\alpha_1 & \alpha_2 & \cdots & \alpha_m\\ \beta_1 & \beta_2 & \cdots & \beta_m\end{bmatrix} \tag{5-1}$$

式中，$|\alpha_i|^2+|\beta_i|^2=1$（$i=1, 2, \cdots, m$）。

在 QACA 中，用量子比特来表示信息素，设种群大小为 n，其信息素用量子位表示为 $p=(p_1, p_2, p_3, \cdots, p_n)$，这里，$p_j$（$j=1, 2, \cdots, n$）。

5.3.3 信息素更新

蚁群算法的核心是蚂蚁根据信息素的多少选择走哪一条路，将这一概念运用到0-1背包问题中：在某一物品上聚集的信息素越多，则该物品被选择的概率就越大。[31]在QACA中，可将蚂蚁在物品上集聚的信息素强度更新转变为量子旋转门旋转角的更新，然后采用量子旋转门更新蚂蚁携带给物品的量子比特，聚集在物品上的信息素更新便转变成量子位概率幅的更新。

量子旋转门的调整方式为

$$\begin{bmatrix}\alpha_i^{t+1}\\ \beta_i^{t+1}\end{bmatrix}=\begin{bmatrix}\cos(\theta_i) & -\sin(\theta_i)\\ \sin(\theta_i) & \cos(\theta_i)\end{bmatrix}\begin{bmatrix}\alpha_i^t\\ \beta_i^t\end{bmatrix} \tag{5-2}$$

式中，$i=1, 2, \cdots, m$，$[\alpha_i^{t+1}, \beta_i^{t+1}]^T$为第$t$次迭代的第$i$个量子位的概率幅，$\theta_i$为第$i$个量子位的旋转角度，其大小和方向根据关系式$\theta_i=\Delta\theta * sign(\alpha_i * \beta_i)$来确定。$sign(\alpha_i * \beta_i)$为符号函数，当$\alpha_i * \beta_i>0$时，则$sign(\alpha_i * \beta_i)=1$；当$\alpha_i * \beta_i<0$时，则$sign(\alpha_i * \beta_i)=-1$；当$\alpha_i * \beta_i=0$时，则$sign(\alpha_i * \beta_i)=0$。$\Delta\theta$一般在$0.01\pi$和$0.08\pi$之间取值。

5.3.4 求解0-1背包问题的QACA算法步骤

步骤1：初始化量子种群，种群大小为n，量子位数目为m，种群$p(t)=(p_1^t, p_2^t, p_3^t, \cdots, p_n^t)$。其中，$p_j^t$（$j=1, 2, \cdots, n$）为种群中第$t$次迭代的第$j$个个体，$P_j^t=\begin{bmatrix}\alpha_1^t & \alpha_2^t & \cdots & \alpha_m^t\\ \beta_1^t & \beta_2^t & \cdots & \beta_m^t\end{bmatrix}$，在开始时所有的$\alpha_i$、$\beta_i$（$i=1, 2, \cdots, m$）取值为$1/\sqrt{2}$，即$P_j^1=P_j^t\big|_{t=1}=1/\sqrt{2}$，初始迭代次数$t=0$。

步骤2：参数初始化，设定各参数α、β、ρ的值，随机生成Q的值，蚂蚁的个数m，最大迭代次数t_{max}。

步骤3：蚂蚁k（$k=1, 2, \cdots, n$）随机选择一个物品i装入背包。

步骤4：每只蚂蚁独立地构造一个解，首先在剩余的物品中随机设定一个01字符串数组X，即随机产生一个数$r>|a_i|^2$。如果$r>|a_i|^2$，则

$x_i=1$；否则 $x_i=0$。按概率计算各物品被选择的概率，蚂蚁 k 按照选择概率 p_i^k 不断更新数组 X，如此循环操作，直到背包装不能装入物品。

$$P_i^k=\frac{[\tau_i(t)]^a[\eta_i(t)]^b}{\sum_s[\tau_s(t)]^a[\eta_s(t)]^b} \tag{5 - 3}$$

式中，$\tau_i(t)$ 信息启发因子，表示第 i 个物品在 t 次迭代时信息素的量，由 α_i^t 和 β_i^t 确定其值的大小；$\eta_i(t)$ 表示物品单位质量的价值，即 $\eta_i=\frac{v_i}{w_i}$，其中，v_i 表示物品的价值，w_i 表示物品的重量；a 和 b 分别表示信息素量和单位物品质量价值的权重（$a\geqslant 0$，$b\geqslant 0$）；信息素更新方程为 $\tau_i(t+1)=(1-\rho)\tau_i(t)+\Delta\tau_i(k)$，$\Delta\tau_i(k)$ 表示蚂蚁 k 在第 i 个物品上留下的信息素的数量，其表达式为

$$\Delta\tau_i(k)=\begin{cases}Q\cdot|\beta_i^t|^2, & i\in J(k)\\0, & i\notin J(k)\end{cases} \tag{5-4}$$

Q 为一常数，$J(k)$ 表示一代中蚂蚁所选择的总价值最大的物品的集合。ρ 为信息素的挥发性（$0\leqslant\rho<1$）。

步骤 5：若 m 只蚂蚁都构造完成各自的解，则转步骤 6；否则转步骤 3。

步骤 6：记录本次迭代产生的最优解。

步骤 7：应用量子旋转门规则进行全局信息素更新。

步骤 8：若满足结束条件，即如果循环次数 $t>t_{\max}$，则循环结束，输出最优解；否则 $t=t+1$，转步骤 2。

5.3.5 数值实验

上述算法用 Delphi 2010 实现，在 Win7 环境下运行通过。取 $\rho=0.7$，$m=10$，并将量子蚁群算法和蚁群算法[31]（ACO）、遗传退火进化算法[32]（GAEA）以及量子遗传算法[33]（GQA）进行比较，有关结果如表 5.1 所示。

表 5.1　结果比较

物品个数	背包最大容量	数据来源	QACA		ACO		GAEA	QEA
			最优值	迭代次数	最优值	迭代次数	最优值	最优值
10	269	文献[34]	295	16	295	100	295	295
20	878	文献[34]	1024	16	1024	200	1024	1024
50	11258	文献[32]	16102	240	15817	400	16102	16102
100	314	文献[33]	614	478	594	1000	604	609

在背包数 $n \geqslant 100$ 时，量子蚁群算法获得的解要比其他算法更好；而在背包数 $n<100$ 时，量子蚁群算法所获得的解虽然与其他算法相同，但从 QACA 独立运行 20 次的最差、最好及平均值随迭代次数的变化情况来看，QACA 在解质量和收敛速度两方面都有较好的表现，具体如表 5. 2 所示。

表 5.2　各迭代次数上的最好、最差和平均结果

迭代次数	$n=10$			$n=20$			$n=50$			$n=100$		
	最差	最好	平均	最差	最好	平均	最差	最好	平均	最差	最好	平均
1	131	288	198. 4	559	866	679. 2	9779	10205	9996. 8	494	568	544. 2
15	241	295	292. 0	767	979	919. 7	10134	13511	12544. 2	568	594	583. 7
50	279	295	294. 9	989	1018	1015. 3	12437	14830	14267. 5	579	595	593. 3
100	295	295	295. 0	984	1024	1022. 9	13111	14913	14494. 9	589	594	593. 3
150	295	295	295. 0	1018	1024	1023. 8	14531	15172	14884. 3	589	599	598. 4
200	295	295	295. 0	1024	1024	1024. 0	15341	15828	15687. 8	589	604	601. 7

表 5. 3 是 QACA 在求得最优解的时间上与 ACO 和 QEA 进行的比较。QACA 运用量子旋转门 $U(\theta)$ 更新量子比特 q_j，不断地生成新的解 X，同时在蚂蚁寻优过程中采用随机生成初始解，使算法的速度得以提高。

表 5.3　QACA 与 ACO 求解时间的对比

	$n=10$	$n=20$	$n=50$	$n=100$
	ms/代	ms/代	ms/代	ms/代
QACA	5	6	37	175
ACO	10	10	61	352

通过数据比较可看出，QACA 相对 ACO 具有更好的收敛性，相比混合算法 GAEA 和 QEA 也有更好的效果。

5.4 车辆路径问题的量子蚁群算法

5.4.1 问题描述

车辆路径问题（Vehicle Routing Problem，VRP）最早由 Dantzig 和 Ramser 于 1959 年提出，[35]是一个在物流研究领域具有重要理论和现实意义的问题，是物流配送优化中关键的一环，是提高物流经济效益、实现物流科学化所不可回避的研究课题，该问题随着物流技术和应用的发展已成为一个研究热点。[36-41]车辆路径问题通常可描述为：已知若干客户，各客户点的位置坐标和货物需求已知，车辆的负载能力一定，每辆车都从起点（depot）出发，完成若干客户点的运送任务后再回到起点；每个客户被且只被访问一次，每辆车访问的城市需求总和不能超过车辆的负载能力，并要求以最少的车辆数、最小的车辆总行程来完成货物的派送任务。著名的旅行商问题（TSP）就是它的一个特例，TSP 和 VRP 皆属于 NP 难题。随着对车辆路径问题的大量研究，求解车辆路径问题的方法也越来越多，主要分为精确算法和启发式算法两大类。精确算法主要有分支定界法、割平面法、动态规划法等，比较典型的启发式算法有扫描法、模拟退火算法、遗传算法、蚁群算法等。由于 VRP 目前仍是一个困难的组合优化问题，精确算法对其求解的效率很低，而启发式算法具有一定的高效性。

针对前述的车辆路径问题，这里用数学语言进行描述：记 $G=(V, E)$ 为赋权图，$V=\{1, 2, 3, \cdots, n\}$ 为顶点集，E 为边集，各顶点间的权值为 c_{ij}（$c_{ij}>0$，$c_{ii}=\infty$，i，$j\in V$），每辆车的载重量为 D，各客户点的需求为 d_i（$i\in V$），并定义变量：

$$x_{ijk}=\begin{cases}1, & \text{车辆 } k \text{ 从点 } i \text{ 行驶到点 } j\\0, & \text{其他}\end{cases}$$

$$y_{ki}=\begin{cases}1, & \text{点 } i \text{ 的顾客需求由车辆 } k \text{ 完成}\\0, & \text{其他}\end{cases}$$

VRP 的数学模型可写为

$$MinZ = \{ \sum_i \sum_j \sum_k c_{ij} x_{ijk}, \quad \sum_j \sum_k x_{0jk} \} \tag{5-5}$$

$$s.t. \begin{cases} \sum_i d_i y_{ki} \leqslant D, \ \forall k & (5-6) \\ \sum_k y_{ki} = 1, \ i \in V & (5-7) \\ \sum_i x_{ijk} = y_{kj}, \ j \in V, \ \forall k & (5-8) \\ \sum_j x_{ijk} = y_{ki}, \ i \in V, \ \forall k & (5-9) \\ \sum_{i, j \in S \times S} \sum x_{ijk} \leqslant |S| - 1, \ S \subseteq V, \ 2 \leqslant |S| \leqslant n - 1 & (5-10) \\ x_{ijk}, \ y_{ki} \in (0, 1), \ i, j \in V, \ \forall k & (5-11) \end{cases}$$

式中，约束式（5-6）为车辆负载限制，这里假定所有车辆都相同且容量相等，约束式（5-7）则保证每辆车对每个客户只能访问 1 次，S 为顶点集 V 的任一子集合，$|S|$ 为集合 S 中所含图 G 的顶点个数。于是，对每个可能的 S，式（5-10）意味着一组约束，约束式（5-8）至约束式(5-10)共同保证了可行回路的形成。

5.4.2 车辆路径问题中的量子比特及量子旋转门表述

在 QACA 中用量子比特来表示节点的量子信息素，设种群大小为 n，其信息素用量子位表示为 $p=(p_1, p_2, p_3, \cdots, p_n)$，这里，$p_j$ ($j=1, 2, \cdots, n$)。

量子比特也可以用概率幅表示为 $[\cos\varphi, \sin\varphi]^T$，$\varphi$ 是量子比特的相位。量子比特相位的改变可以用量子旋转门实现，量子旋转门的调整方式可定义为

$$\begin{bmatrix} \alpha_i^{t+1} \\ \beta_i^{t+1} \end{bmatrix} = \begin{bmatrix} \cos(\theta_i) & -\sin(\theta_i) \\ \sin(\theta_i) & \cos(\theta_i) \end{bmatrix} \begin{bmatrix} \alpha_i^t \\ \beta_i^t \end{bmatrix} \tag{5-12}$$

式中，$i=1, 2, \cdots, m$，$[\alpha_i^{t+1}, \beta_i^{t+1}]^T$ 为第 t 次迭代的第 i 个量子位的概率幅，θ_i 为第 i 个量子位的旋转角度。旋转角的幅值直接影响算法的收敛速度和搜索能力，如果幅值过大，会导致早熟；如果幅值过小，会使收敛速度减慢。其值一般在 $0.001\pi \sim 0.05\pi$，其大小和方向根据关系式 $\theta_i = \Delta\theta_i \cdot s$

(α_i, β_i) 来确定。$s(\alpha_i, \beta_i)$ 是决定 θ_i 的旋转方向的符号函数，$\Delta\theta_i$ 是旋转角度的大小，其值通过查表法得到，如表 5.4 所示。[42]

表 5.4 旋转角策略

x_i	b_i	$f(x)>f(b)$	$\Delta\theta_i$	$s(\alpha_i, \beta_i)$			
				$\alpha_i\beta_i>0$	$\alpha_i\beta_i<0$	$\alpha_i=0$	$\beta_i=0$
0	0	False	0	0	0	0	0
0	0	True	0	0	0	0	0
0	1	False	0	0	0	0	0
0	1	True	0.05π	−1	+1	±1	0
1	0	False	0.01π	−1	+1	±1	0
1	0	True	0.025π	+1	−1	0	±1
1	1	False	0.005π	+1	−1	0	±1
1	1	True	0.025π	+1	−1	0	±1

其中，x_i 表示当前解，b_i 表示当前最优解，$f(x)$ 为目标函数，即为车辆的总行程长度。例如，当 $x_i=0$，$b_i=1$，$f(x)>f(b)$ 时，为使当前解收敛到一个更优的解，需使 $|\alpha|^2$增大。若 (α_i, β_i) 在第一、第三象限，则顺时针方向旋转；若 (α_i, β_i) 在第二、第四象限，则逆时针方向旋转。因为 b_i 是当前最优解，所以量子旋转门的使用强调对 b_i 的搜索，为丰富寻找的方向。将 b_i 的当前节点数与随机生成数相比较，满足条件的进行更新。

5.4.3 状态转移规则

P_{ij}^k表示蚂蚁 k 的转移概率，其定义为

$$P_{ij}^k=\frac{[\tau_{ij}]^\alpha[\eta_{ij}]^\beta[\mu_j]^\gamma}{\sum_l[\tau_{il}]^\alpha[\eta_{il}]^\beta[\mu_l]^\gamma}$$

式中，l 表示所有可能的取值；τ_{ij}为边弧 (i, j) 的轨迹强度；$\alpha(\alpha\geqslant 0)$ 为信息启发式因子，表示轨迹的相对重要性，其值越大蚂蚁越倾向于选择有较多蚂蚁经过的路径；η_{ij}为边弧 (i, j) 的能见度，其表达式为

$$\eta_{ij}=\frac{1}{d_{ij}}$$

式中，d_{ij}为相邻两个节点（客户）间的距离；$\beta(\beta \geqslant 0)$为期望的启发式因子，表示能见度的相对重要性，其值越大蚂蚁越倾向于选择路径较短的路径；μ_j为节点（客户）j的量子信息强度，其表达式为

$$\mu_j = \frac{1}{|\alpha_j|^2}$$

式中，$|\alpha_j|^2$表示第j个量子位的量子态坍缩到$|0\rangle$的概率，即对蚂蚁k而言，$|\alpha_j|^2$越小，则μ_j越大，从而P_{ij}^k也就越大。$\gamma(\gamma \geqslant 0)$为量子比特启发式因子，表示节点（客户）的量子态概率幅的相对重要性，其值越大，则蚂蚁越倾向于选择所含量子信息多的节点（客户）。由上式可知，当i到j之间的轨迹强度越大、距离越短，j点的量子信息强度越大，则三者的乘积所占比重就越大，因此选择j点的概率也就越大。在应用中，将转移概率与0~1之间的随机数相比较，当转移概率大于随机数时，则蚂蚁k将移至下一节点。

5.4.4 信息素的更新

轨迹强度的更新方程为

$$\tau_{ij}^{new} = \rho \cdot \tau_{ij}^{old} + \sum_k \Delta\tau_{ij}^k$$

式中，ρ为轨迹的持久性（$0 \leqslant \rho < 1$），$\Delta\tau_{ij}^k$为蚂蚁k在边弧（i，j）上留下的单位长度轨迹信息素数量。在进行信息素局部更新时，因为每次释放的信息素量Q为常量，所以当经过边弧（i，j）的蚂蚁数量越多，其局部更新的次数就越多，从而边与边之间的信息素量差距也越来越大，这导致算法很容易陷入局部最优解。同时，Q值的大小也会影响算法的搜索效率，当Q值过大时算法易于收敛于局部最小值；当Q值过小时算法的收敛速度将减缓。

按照$\Delta\tau_{ij}^k$的不同取法，可形成不同类型的蚂蚁算法，本书将Q值改进为动态调整值，将量子态概率幅引入，当j点坍缩到$|1\rangle$的概率$|\beta_j|^2$越大，即点j更易被蚂蚁选择，则Q值就越小。这样可防止边与边之间信息素量的过大差距，从而有效地防止算法陷入局部最优，收敛速度也有所提高，其定义为

$$\Delta\tau_{ij}^k = \begin{cases} Q \cdot (1-|\beta_j|^2)，若（i，j）在最优路径上 \\ 0，其他 \end{cases}$$

式中，Q 为一常数（$1 \leqslant Q \leqslant 10000$）。

5.4.5 车辆路径问题的量子蚁群算法步骤

步骤1：初始化量子种群，种群大小为 n，量子位数目为 m，种群 $p(t)=(p_1^t, p_2^t, p_3^t, \cdots, p_n^t)$，其中，$p_j^t$（$j=1, 2, \cdots, n$）为种群中第 t 次迭代的第 j 个个体，而

$$P_j^t=\begin{bmatrix} \alpha_1^t & \alpha_2^t & \cdots & \alpha_m^t \\ \beta_1^t & \beta_2^t & \cdots & \beta_m^t \end{bmatrix}$$

在开始时所有的 α_i、β_i（$i=1, 2, \cdots, m$）取值为 $1/\sqrt{2}$，即 $P_j^1=P_j^t\big|_{t=1}=1/\sqrt{2}$；初始迭代次数 $t=0$；初始化参数，设定各参数 α、β、γ、ρ 的值，最大迭代次数 $t_{\max}$；对各边弧（i，j），令 $\tau_{ij} \leftarrow c$（c 为较小的正数），$\Delta\tau_{ij}^k \leftarrow 0$，$ca \leftarrow D$（$ca$ 为车辆剩余载重量）。

步骤2：将初始点置于当前解集中；对于每个蚂蚁 k，随机选择点 j，若 d [j]（客户 j 的需求量）$\leqslant ca$，则选节点 j，否则重新选择；当无法找到满足要求的节点 j 时，转步骤3；计算转移概率 P_{ij}^k，若 $P_{ij}^k > random$(0, 1)，则蚂蚁 k 移至节点 j，并将节点 j 置于当前解集中，则 $ca \leftarrow ca-d$ [j]；否则，重新选择顶点。

步骤3：当所有点都已经置于解集中，则记录蚂蚁个数 $m \leftarrow k$；否则，$k \leftarrow k+1$，转步骤2。

步骤4：应用2-opt 交换策略优化各蚂蚁路径，通过每次交换2条边来改进初始回路，即当 $d_{i,j}+d_{i+1,j+1}<d_{i,i+1}+d_{j,j+1}$ 时，两边互相交换，直到线路长度不再缩短为止。

步骤5：计算各蚂蚁的目标函数值 $Z_k(k=1, 2, \cdots, m)$，记录当前的最好解。

步骤6：按照轨迹强度更新方程对各边的信息素进行更新。

步骤7：应用量子旋转门对节点（客户）的量子信息进行更新。

步骤8：对各边弧（i，j）置 $\Delta\tau_{ij}^k \leftarrow 0$，$t \leftarrow t+1$。

步骤9：若循环次数 $t<t_{\max}$，则转步骤2。

步骤10：输出当前最优解。

5.4.6 数据实验及分析

上述算法用 Delphi 2010 实现，在 Win7 环境下运行通过。在求解 VRP 时，算法的参数取值范围可参照 TSP，即 α 在 1~2，β 在 1~3 往往会取得较好的结果，ρ 的取值范围是 0.7~0.9，$Q \geq 10$。

针对本书设计的求解 VRP 的量子蚁群算法，通过国际通用的 Christofides and Eilon 实例库（http：//neo. lcc. uma. es/radi-aeb/WebVRP）中的算例 E-n30-k3，在以上 α 和 β 给定的范围内，对 γ 的取值范围进行比较与分析，其中，$\rho=0.7$，$Q=10$，迭代次数为 1000，取重复 10 轮运行中的最好值。通过大量数值试验得出，当 $\alpha=1$，$\beta=3$ 和 $\alpha=2$，$\beta=2$ 时，所求的的值最佳。由图 5.3 可看出，当 $\alpha=1$，$\beta=3$，$\gamma=2$ 时，算法的效果较好；由图 5.4 可看出，当 $\alpha=2$，$\beta=2$，$\gamma=3$ 时，算法的效果较好。综上，γ 的取值范围可以定在 2~3。对实例 E-n30-k3 求得的最优解为：车辆总行程为 534，所需车辆数为 3 辆，三条回路的路径是（1，23，3，6，2，5，4，21，1）、（1，20，16，17，14，8，18，10，15，9，13，12，11，24，19，1）和（1，27，29，28，30，26，25，7，22，1）。

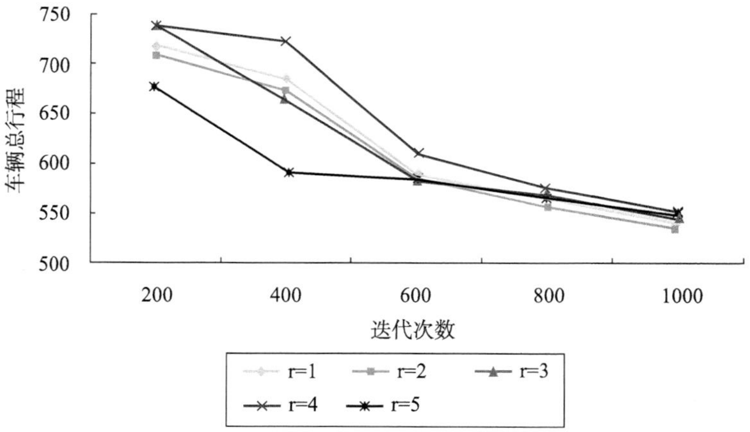

图 5.3 $\alpha=1$，$\beta=3$ 时 γ 的取值随迭代次数的变化

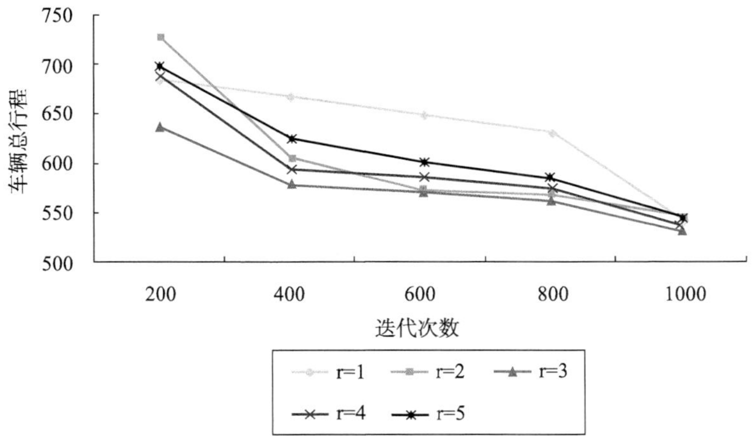

图 5.4 $\alpha=2$，$\beta=2$ 时 γ 的取值随迭代次数的变化

（1）为进一步检验算法的有效性，将参数设置为 $\rho=0.7$，$Q=10$，$\alpha=1$，$\beta=3$，$\gamma=2$，迭代次数为 200 次，对实例 E-n30-k3 分别用量子蚁群算法（QACA）和蚁群算法[33]（ACA）进行求解，图 5.5 为两种算法的车辆总行程收敛图比较。

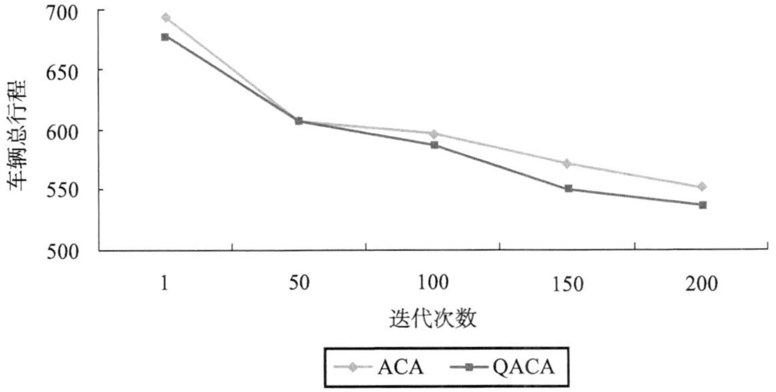

图 5.5 QACA 与 ACO 的车辆总行程收敛图比较

（2）分别选取 Christofides and Eilon 以及 Augerat et al 实例库中 20~100 个节点实例，将量子蚁群算法（QACA）和蚁群算法[43]（ACA）的运行结果进行比较，如表 5.5 所示。通过比较可以看出，量子蚁群算法比蚁群算法搜到的解更好。对于小规模问题，量子蚁群算法较蚁群算法能求解出比已知最好解更短的路径；对于大规模问题，量子蚁群算法较蚁群算法能更有效地减小与已知最好解的偏差。量子蚁群算法通过量子比特的编码叠加性，使得寻优过程中的搜索空间更大，加强了全局搜索能力，并能有效避免算法陷入局部最优。

表 5.5 QACA 和 ACO 的运行结果比较

实例	已知最优解		ACA		与最优解误差（%）	QACA		与最优解误差（%）
	车辆数	总路程	车辆数	总路程		车辆数	总路程	
E-n22-k4	4	375	4	375	0	4	371	-1.07
E-n23-k3	3	569	3	573	0.70	3	569	0
E-n30-k3	3	534	3	550	3.00	3	534	0
E-n33-k4	4	835	4	871	4.31	4	860	2.99
A-n45-k7	7	1146	7	1415	23.47	7	1334	16.40
E-n51-k5	5	521	5	635	21.88	5	609	16.89
A-n65-k9	9	1174	9	1855	58.01	9	1515	29.04
E-n76-k7	7	683	7	981	43.63	7	882	29.14
A-n80-k10	10	1763	10	2504	42.03	10	2244	27.28
E-n101-k8	8	815	8	1413	72.95	8	1105	35.58

5.5 带时间窗的车辆路径问题的量子蚁群算法

5.5.1 问题描述

带时间窗的车辆路径问题[44]（Vehicle Routing Problem with Time Windows，VRPTW）是车辆路径问题的一种扩展类型，它是在 VRP 基础上增加了客户要求访问的时间窗口，即给定每个客户一个时间范围，车辆对客户的服务时间必须在这个范围内开始。

带时间窗的车辆路径问题是有容量约束车辆路径问题的扩展，属 NP 难题。解决该问题的方法主要分为精确算法和启发式算法两大类，由于 VRPTW 目前仍是一个困难的组合优化问题，精确算法对其求解的效率很低，所以当节点规模较大时，很难得到问题的精确解。而启发式算法具有一定的高效性，通过少量的计算可以得到一个相对满意的解。最早对 VRPTW 进行研究的算法是 1986 年 Solomon 提出的启发式算法、1987 年 Kolen 等人[45] 提出的最优化算法。随着研究的进一步深入，遗传算法[46,47]、蚁群算法[48,49]、粒子群算法[50,51] 等启发式算法在求解带时间窗的车辆路径问题上都取得了较好的效果。但是遗传算法具有早熟易收敛的问题，蚁群算法和粒子群算法容易陷入局部最优，如何针对 VRPTW 构造出性能优异的启发式算法具有重要意义。

带时间窗的车辆路径问题通常可描述为：已知若干客户，各客户点的位置坐标和货物需求已知，车辆的负载能力一定，每辆车都从起点（depot）出发，完成若干客户点的运送任务后再回到起点，每个客户被且只被访问一次，每辆车所访问的城市需求总和不能超过车辆的负载能力。给定每个客户 i 一个时间窗 $[e_i, l_i]$，e_i 为客户 i 允许的服务最早开始时间，l_i 为客户 i 允许服务的最迟开始时间，车辆对客户的服务时间必须在这个范围内开始。若车辆在时间 e_i 之前到达客户点 i，那就要等到 e_i 才能开始服务，并要求以最少的车辆数、最小的车辆总行程来完成货物的派送任务。

针对上述带时间窗的车辆路径问题，这里用数学语言进行描述：记 $G=(V, E)$ 为赋权图，$V=\{1, 2, 3, \cdots, n\}$ 为顶点集，E 为边集，各顶点间的权值为 $c_{ij}(c_{ij}>0, c_{ii}=\infty, i, j\in V)$，每辆车的载重量为 D，各客户点的需求为 $d_i(i\in V)$。se_i 表示对客户 i 服务的开始时刻，sl_i 表示服务终止时刻，s_i 表示完成任务所需要的服务时间，即 $s_i=sl_i-se_i$；t_{ij} 为车辆从客户 i 到客户 j 的行驶时间；w_i 表示开始服务客户 i 所需等待的时间，则 $w_j=\max[0, e_j-sl_i-t_{ij}]$，$j$ 为 i 的后续点。

定义变量：

$$x_{ijk}=\begin{cases}1，\text{车辆 } k \text{ 从点 } i \text{ 行驶到点 } j\\0，\text{其他}\end{cases}$$

$$y_{ki}=\begin{cases}1，\text{点 } i \text{ 的顾客需求由车辆 } k \text{ 完成}\\0，\text{其他}\end{cases}$$

则 VRPTW 的数学模型可写为

$$\mathrm{Min}Z = \left\{ \sum_i \sum_j \sum_k c_{ij} x_{ijk},\ \sum_j \sum_k x_{0jk} \right\} \tag{5-13}$$

$$s.t.\begin{cases} \sum_i d_i y_{ki} \leqslant D,\ \forall k & (5-14) \\ \sum_k y_{ki} = 1,\ i \in V & (5-15) \\ \sum_i x_{ijk} = y_{kj},\ j \in V,\ \forall k & (5-16) \\ \sum_j x_{ijk} = y_{ki},\ i \in V,\ \forall k & (5-17) \\ \sum_{i,\ j \in S \times S} \sum x_{ijk} \leqslant |S| - 1,\ S \subseteq V,\ 2 \leqslant |S| \leqslant n - 1 & (5-18) \\ sl_i + t_{ij} \leqslant se_j,\ i,\ j \in V,\ \forall k & (5-19) \\ e_i \leqslant se_i \leqslant l_i,\ i \in V & (5-20) \\ x_{ijk},\ y_{ki} \in (0,\ 1),\ i,\ j \in V,\ \forall k & (5-21) \end{cases}$$

式中，约束式（5-14）为车辆负载限制，这里假定所有车辆都相同且容量相等，约束式（5-15）则保证每辆车对每个客户只能访问 1 次，S 为顶点集 V 的任一子集合，$|S|$ 为集合 S 中所含图 G 的顶点个数。于是，对每个可能的 S，式（5-18）意味着一组约束，约束式（5-16）至式（5-18）共同保证了可行回路的形成，约束式（5-19）表示一条线路上两邻接任务存在的条件，约束式（5-20）为时间窗约束。

5.5.2 带时间窗车辆路径问题中的量子比特及量子旋转门表述

在求解带时间窗车辆路径问题的 QACA 中，用量子比特来表示节点的量子信息素。设种群大小为 n，其信息素用量子位表示为 $p=(p_1,\ p_2,\ p_3,\ \cdots,\ p_n)$，这里，$p_j$ $(j=1,\ 2,\ \cdots,\ n)$。

量子比特也可以用概率幅表示为 $[\cos\varphi,\ \sin\varphi]^T$，$\varphi$ 是量子比特的相位。量子比特相位的改变可以用量子旋转门实现，量子旋转门的调整方式可定义为

$$\begin{bmatrix} \alpha_i^{t+1} \\ \beta_i^{t+1} \end{bmatrix} = \begin{bmatrix} \cos(\theta_i) & -\sin(\theta_i) \\ \sin(\theta_i) & \cos(\theta_i) \end{bmatrix} \begin{bmatrix} \alpha_i^t \\ \beta_i^t \end{bmatrix} \tag{5-22}$$

式中，$i=1, 2, \cdots, m$，$[\alpha_i^{t+1}, \beta_i^{t+1}]^T$ 为第 t 次迭代的第 i 个量子位的概率幅，θ_i 为第 i 个量子位的旋转角度。旋转角的幅值直接影响算法的收敛速度和搜索能力，如果幅值过大，会导致早熟；如果幅值过小，会是收敛速度减慢。旋转角 θ_i 的取值一般是由查表法[7]得到，表中的角度值是离散且固定的，查表选择旋转角度的方式对种群多样性的增加具有一定限制，从而容易使搜索陷入局部最优。本书针对该问题设计一种改进的量子旋转角取值操作，改进的量子旋转角取值操作能够根据当前量子比特概率幅和目标函数值自适应地计算出相应的旋转角度，从而实现种群的多样性，避免算法早熟。θ_i 取值定义如下：

$$\theta_i = \mathrm{sgn}(\alpha_i \cdot \beta_i) \cdot (\theta_0 + sign(f(x_i) - f(b_i)) \cdot 0.05\pi) \tag{5-23}$$

式中，$\mathrm{sgn}(y)=\begin{cases}1, & y \geqslant 0\\ -1, & y<0\end{cases}$，$sign(z)=\begin{cases}1, & z>0\\ 0, & z=0\\ -1, & z<0\end{cases}$。

θ_0 为初始旋转角度，实验中 θ_0 取值为 0.05π，由 $\mathrm{sgn}(\alpha_i \cdot \beta_i)$ 来控制旋转角的旋转方向，用 $\mathrm{sign}(f(x_i) - f(b_i))$ 来自适应地调整旋转角度的大小。x_i 表示当前解，b_i 表示当前最优解，$f(x)$ 为目标函数。

5.5.3 状态转移规则

P_{ij}^k 表示蚂蚁 k 的转移概率，其定义为

$$P_{ij}^k = \frac{[\tau_{ij}]^\alpha [\eta_{ij}]^\beta [\mu_j]^\gamma [r_{ij}]^\lambda [w_{ij}]^\theta}{\sum_l [\tau_{il}]^\alpha [\eta_{il}]^\beta [\mu_l]^\gamma [r_{il}]^\lambda [w_{il}]^\theta} \tag{5 - 24}$$

式中，l 表示所有可能的取值；τ_{ij} 为边弧 (i, j) 的轨迹强度；α $(\alpha \geqslant 0)$ 为信息启发式因子，表示轨迹的相对重要性，其值越大蚂蚁越倾向于选择有较多蚂蚁经过的路径；η_{ij} 为边弧 (i, j) 的能见度，其表达式为

$$\eta_{ij} = \frac{1}{d_{ij}}, \tag{5-25}$$

式中，d_{ij} 为相邻两个节点（客户）间的距离；$\beta(\beta \geqslant 0)$ 为期望的启发式因子，表示能见度的相对重要性，其值越大蚂蚁越倾向于选择路径较短的路径；μ_j 为节点（客户）j 的量子信息强度，其表达式为

$$\mu_j = \frac{1}{|\alpha_j|^2}, \tag{5-26}$$

式中，$|\alpha_j|^2$表示第 j 个量子位的量子态坍缩到 $|0\rangle$ 的概率，即对蚂蚁 k 而言，$|\alpha_j|^2$越小，μ_j 越大，从而 P_{ij}^k也越大；$\gamma(\gamma \geqslant 0)$ 为量子比特启发式因子，表示节点（客户）的量子态概率幅的相对重要性，其值越大则蚂蚁越倾向于选择所含量子信息多的节点（客户）。r_{ij}表示车辆从 i 点到 j 点的到达时间与时间窗上限（客户允许的服务最迟开始时间）的时间差；$\lambda(\lambda \geqslant 0)$ 为时间差的相对重要性；w_{ij}表示车辆从 i 点到 j 点后，在 j 点的等待时间；$\theta(\theta \geqslant 0)$ 为等待时间的相对重要性；由公式可知，当 i 到 j 之间的轨迹强度越大、距离越短、j 点的量子信息强度越大，则其乘积所占比重就越大，因此选择 j 点的概率也就越大；同时，为使完成任务的车辆数尽量减少，车辆在对客户点的选择上应尽量选择服务时间差小、车辆等待时间短的客户。在应用中，将转移概率与 0~1 之间的随机数相比较，当转移概率大于随机数时，则蚂蚁 k 将移至下一节点。

5.5.4 信息素的更新

轨迹强度的更新方程为

$$\tau_{ij}^{new} = \rho \cdot \tau_{ij}^{old} + \sum_k \Delta\tau_{ij}^k \tag{5 - 27}$$

式中，ρ 为轨迹的持久性（$0 \leqslant \rho < 1$），$\Delta\tau_{ij}^k$为蚂蚁 k 在边弧（i，j）上留下的单位长度轨迹信息素数量。在进行信息素局部更新时，因为每次释放的信息素量 Q 为常量，所以，当边弧（i，j）经过的蚂蚁数量越多，其局部更新的次数就越多，从而边与边之间的信息素量差距也越来越大，这导致算法很容易陷入局部最优解。同时 Q 值的大小也会影响算法的搜索效率，当 Q 值过小时算法易于收敛于局部最小值；当 Q 值过大时算法的收敛速度将减缓。

按照 $\Delta\tau_{ij}^k$的不同取法，可形成不同类型的蚁群算法。本书将 Q 值改进为动态调整值，将量子态概率幅引入，当 j 点坍缩到 $|0\rangle$ 的概率 $|\alpha_j|^2$越大，即点 j 更易被蚂蚁选择，则 Q 值就越小。这样可防止边与边间信息素量的过大差距，从而有效地防止算法陷入局部最优，收敛速度也有所提

高，其定义为

$$\Delta\tau_{ij}^{k}=\begin{cases}Q\cdot|\alpha_j|^2 & 若(i,j)在最优路径上\\ 0，其他\end{cases} \tag{5-28}$$

式中，Q 为一常数（$1\leqslant Q\leqslant 10000$）。

5.5.5 带时间窗车辆路径问题的量子蚁群算法步骤

步骤1：初始化量子种群，种群大小为 n，量子位数目为 m，种群 $p(t)=(p_1^t,\ p_2^t,\ p_3^t,\ \cdots,\ p_n^t)$ 其中，$p_j^t(j=1,\ 2,\ \cdots,\ n)$ 为种群中第 t 次迭代的第 j 个个体，则

$$P_j^t=\left[\begin{array}{c|c|c|c}\alpha_1^t & \alpha_2^t & \cdots & \alpha_m^t\\ \beta_1^t & \beta_2^t & \cdots & \beta_m^t\end{array}\right]$$

在开始时所有的 α_i、$\beta_i(i=1,\ 2,\ \cdots,\ m)$ 取值为 $1/\sqrt{2}$，即 $P_j^1=P_j^t\big|_{t=1}=1/\sqrt{2}$；初始迭代次数 $t=0$；初始化参数，设定各参数 α、β、γ、ρ 的值，最大迭代次数 $t_{\max}$；对各边弧（i，j），令 $\tau_{ij}\leftarrow c$（c 为较小的正数），$\Delta\tau_{ij}^k\leftarrow 0$，$ca\leftarrow D$（$ca$ 为车辆剩余载重量）。

步骤2：将初始点置于当前解集中。对于每个蚂蚁 k，随机选择点 j，若 $d[j]$（客户 j 的需求量）$\leqslant ca$，则选节点 j；否则重新选择。计算转移概率 P_{ij}^k，若 $P_{ij}^k>random(0,\ 1)$，且满足时间窗口，即 $wait[i,\ j]\geqslant 0$（这里 $wait[i,\ j]$ 表示车辆完成 i 点的任务后到达 j 点的时间与客户 j 要求的服务最迟开始时间的时间差），则蚂蚁 k 移至节点 j，并将节点 j 置于当前解集中，则 $ca\leftarrow ca-d[j]$；否则，重新选择顶点。当无法找到满足要求的节点 j 时，转步骤3。

步骤3：当所有点都已经置于解集中，则记录蚂蚁个数 $AntNum\leftarrow k$；否则，$k\leftarrow k+1$，转步骤2。

步骤4：应用2-opt 交换策略优化各蚂蚁路径，通过每次交换2条边来改进初始回路，即当 $d_{i,j}+d_{i+1,j+1}<d_{i,i+1}+d_{j,j+1}$ 时，两边互相交换，直到线路长度不再缩短为止。

步骤5：计算各蚂蚁的目标函数值 $Z_k(k=1,\ 2,\ \cdots,\ m)$，记录当前的最好解。

步骤 6：按照轨迹强度更新方程对各边的信息素进行更新。

步骤 7：应用量子旋转门对节点（客户）的量子信息进行更新。

步骤 8：对各边弧（i，j）置 $\Delta\tau_{ij}^{k}\leftarrow 0$，$t\leftarrow t+1$。

步骤 9：若循环次数 $t<t_{\max}$，则转步骤 2。

步骤 10：输出当前最优解。

5.5.6 时间复杂性分析

算法中量子位数目与顶点数目相同，记为 $m=n$，令 N 表示迭代次数，则步骤 1 的时间复杂度为 $O(Nn)$，步骤 2 的时间复杂度为 $O(kn)$，步骤 3 的时间复杂度 $O(1)$，步骤 4 的时间复杂度为 $O(k)$，步骤 5 的时间复杂度为 $O(k)$，步骤 6 的时间复杂度为 $O(n)$，步骤 7 的时间复杂度为 $O(n)$，步骤 8 的时间复杂度为 $O[n(n-1)/2]$，步骤 9 的时间复杂度为 $O(1)$。于是，QACA 的时间复杂度可估算为：$O(Nn)+N\{k[O(n]+O(1))+O(k)+O(k)+O(n)+O(n)+O[n(n-1]/2)+O(1)\}$，由于 $k\leqslant n$，可得 QACA 的时间复杂度为 $O(Nn^2)$。

5.5.7 数据实验及分析

上述算法用 Delphi 2010 实现，在 Win7 环境下运行通过。在求解 VRPTW 时，算法的参数取值范围可参照 TSP，即 α 在 1~2，β 在 1~3 往往会取得较好的结果，ρ 的取值范围是 0.7~0.9，$Q\geqslant 10$。而 QACA 中的 γ、λ、θ 的取值通过大量的仿真实验可得出，γ 取值在 1~3，λ 和 θ 取值在 1~2 能取得较好的运算效果。

为了更合理地设置 QACA 参数，针对带时间窗的车辆路径问题，通过国际通用的 Solomon 问题库（http://www.idsia.ch/~luca/macs-vrptw/problems/welcome.htm）中算例 R204 的计算对参数进行优化，在以上 α、β、γ、λ、θ 和 ρ 的给定范围内确定 Q 的值。将公式（5-24）中的 α、β、γ、λ、θ 分别设置为 $\alpha=1$，$\beta=2$，$\gamma=1$，$\lambda=1$，$\theta=1$，将公式（5-27）中的 ρ 设置为 $\rho=0.9$，迭代次数为 500 次。图 5.6 为车辆总行程随 Q 值变化的曲线图，从图中我们可以看出，当 $Q=90$ 时，QACA 所求得的车辆总行程最优。

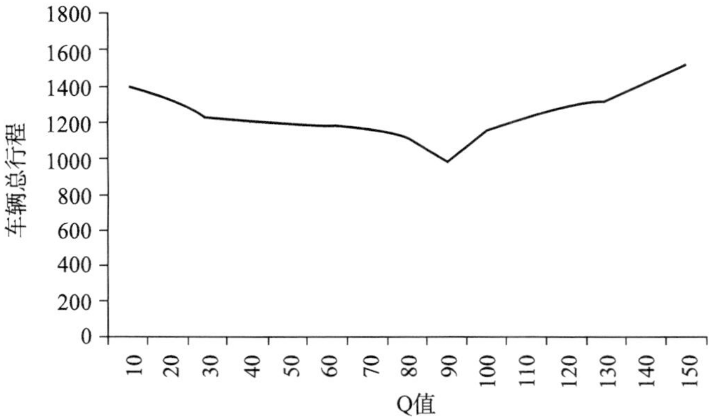

图 5.6　Q 值变化对车辆总行程的影响曲线

在以上参数给定的取值范围内确定 α、β、γ、λ、θ 和 ρ 的最佳取值，令 $Q=90$，算法运算迭代次数为 1000 次，取重复 10 轮运行的平均值。通过大量数值试验，选出部分 γ 取 1~3，λ 和 θ 取 1~2 范围内的比较结果如表 5.6 所示。因篇幅所限，这里 α、β 和 ρ 的取值设置参照文献[52]为$\alpha=1$，$\beta=2$，$\rho=0.9$ 时所求的值最优，通过运算比较结果，可以看出，当 $\gamma=3$，$\lambda=1$，$\theta=1$ 时，算法的效果较好。将 QACA 中的参数设置为上述最佳参数值，对实例 R204 进行运算求解，求得其最优解为车辆总行程为 955，所需车辆数为 3 辆，三条回路的长度分别为 157、397 和 401，路径为（1，53，28，29，27，13，4，69，81，68，24，88，54，1），（1，34，82，52，31，71，32，89，8，83，49，48，20，12，63，11，70，2，51，77，80，10，72，36，35，79，30，25，55，40，57，76，42，23，75，73，74，22，41，14，98，18，62，92，101，43，44，58，3，59，1），（1，90，19，46，84，61，6，94，86，99，38，93，60，97，7，95，96，16，15，45，39，87，17，100，85，9，47，37，50，65，64，91，33，21，67，66，5，56，26，78，1）。

表 5.6　参数 γ、λ、θ 对结果的影响

（γ、λ、θ）	k	Z
（1，1，1）	3	1001.2
（1，1，2）	3	1005.1
（1，2，1）	4	1032.4

续表

(γ、λ、θ)	k	Z
(1, 2, 2)	3	1015.7
(2, 1, 1)	4	1100.5
(2, 1, 2)	5	1071.3
(2, 2, 1)	4	983.2
(2, 2, 2)	4	1045.2
(3, 1, 1)	3	977.0
(3, 1, 2)	3	985.4
(3, 2, 1)	4	1073.1
(3, 2, 2)	4	1036.6

（1）为进一步检验算法的有效性，将参数设置为$\rho=0.9$，$Q=90$，$\alpha=1$，$\beta=2$，$\gamma=3$，$\lambda=1$，$\theta=1$，迭代次数为500次，对实例R204分别用量子蚁群算法（QACA）和蚁群算法[49]（ACA）进行求解，图5.7为两种算法在最少车辆为3时的车辆总行程收敛比较。

（2）对实例R201～R210，将量子蚁群算法（QACA）与蚁群算法[49]（ACA）进行比较，如表5.7所示。通过比较可以看出，量子蚁群算法比蚁群算法搜到的解更好，同时所需的车辆也更少，其中，R206的误差有所增大，但所求的最少车辆数与最优解完全相同。通过实验可以看出，量子蚁群算法通过量子比特的编码叠加性，使寻优过程中的搜索空间更大，加强了全局搜索能力，并能有效地避免算法陷入局部最优。

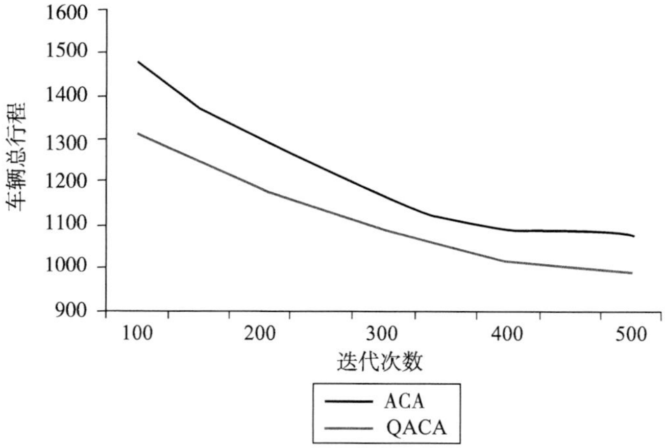

图5.7　QACA与ACO的车辆总行程收敛比较

表 5.7　QACA 和 ACO 的运行结果比较

实例	已知最优解		ACA		与最优解误差（%）	QACA		与最优解误差（%）
	车辆数	总路程	车辆数	总路程		车辆数	总路程	
R201	4	1252. 37	6	1457	16. 33	5	1396	10. 29
R202	3	1191. 70	6	1389	16. 56	5	1239	3. 81
R203	3	924. 64	4	1106	19. 61	4	1047	11. 69
R204	2	825. 52	3	1067	29. 25	3	955	13. 55
R205	3	994. 42	5	1196	20. 27	4	1195	16. 78
R206	3	906. 14	4	1154	27. 35	3	1181	23. 27
R207	2	890. 61	3	1081	21. 37	3	978	8. 94
R208	2	726. 75	3	1003	38. 01	3	857	15. 20
R209	3	909. 16	4	1099	20. 88	4	1030	11. 73
R210	3	939. 34	4	1141	21. 46	4	1012	7. 18

（3）为进一步验证 QACA 的性能，采用文献[53]中的算例进行求解，并与改进的蚁群算法（AS）[49]、改进的遗传算法（GA）[47]以及改进的粒子群算法（PSO）[51]进行比较。该问题有 8 项货物运输任务（编号为 1，2，…，8），各任务货运量 g_i、装货和卸货时间 T_i 及每项任务开始执行的时间范围 $[ET_i, LT_i]$ 由表 5.8 给出。这些任务由车场 0 出发的 3 辆容量为 8 吨的车辆来完成，车场 0 与各任务点间及各任务点之间的距离由表 5.9 给出。车速为 50 公里/小时，单位运输成本为 1，超出时间窗的单位惩罚为 $p_E = p_L = 50$。

将 QACA 的参数设置为 $\rho = 0.9$，$Q = 90$，$\alpha = 1$，$\beta = 2$，$\gamma = 3$，$\lambda = 1$，$\theta = 1$，AS 采用文献[49]中的方法及其参数设置，GA 采用文献[47]中的染色体编码方式和相关参数，PSO 采用文献[51]的方法，各算法迭代次数为 200 次，运行的结果如表 5.10 所示。从表中可以看出，QACA 求解的结果要优于改进的蚁群算法和改进的粒子群算法，与改进的遗传算法相比虽然求解的结果相同，但 QACA 运行速度要明显优于 GA。总体上 QACA 在运行时间上具有明显优势，在大多数情况下要比其他算法具有更好的寻优效果。

表 5.8 各发货点货运量、装卸时间及时间窗

任务序号	1	2	3	4	5	6	7	8
货运量（g_i）	2	1.5	4.5	3	1.5	4	2.5	3
T_i	1	2	1	3	2	2.5	3	0.8
ET_i，LT_i	1，4	4，6	1，2	4，7	3，5.5	2，5	5，8	1.5，4

表 5.9 车场与各任务点间的距离

	0	1	2	3	4	5	6	7	8
0	0	40	60	75	90	200	100	160	80
1	40	0	65	40	100	50	75	110	100
2	60	65	0	75	100	100	75	75	75
3	75	40	75	0	100	50	90	90	150
4	90	100	100	100	0	100	75	75	100
5	200	50	100	50	100	0	70	90	75
6	100	75	75	90	75	70	0	70	100
7	160	110	75	90	75	90	70	0	100
8	80	100	75	150	100	75	100	100	0

表 5.10 四种算法运行结果比较

算法	车辆数	总行程	路径	运行时间/ms
QACA	3	805	(0，6，7，2，0)、(0，8，5，4，0)、(0，3，1，0)	62
AS	3	910	(0，8，5，7，0)、(0，3，1，2，0)、(0，6，4，0)	114
GA	3	805	(0，6，7，2，0)、(0，8，5，4，0)、(0，3，1，0)	12080
PSO	3	910	(0，8，5，7，0)、(0，3，1，2，0)、(0，6，4，0)	560

通过上述实验可以看出，量子计算与蚁群算法相结合能有效地提高蚁群算法的求解质量，增加种群多样性从而使算法避免陷入局部最优，量子旋转门对信息素的更新有效地提高了算法的收敛速度。

5.6 Steiner 最小树问题的量子蚁群算法

5.6.1 问题描述

Steiner 最小树问题是一个经典的组合优化问题，Steiner 树（Steiner Tree，ST）问题最初由著名几何学家 Steiner 于 19 世纪初对 Fermat 问题加以推广而来，该问题是指连接给定点的最小树长问题，其最优解称为 Steiner 最小树（Steiner Minimum Tree，SMT），故又称为 Steiner 最小树问题。[54]根据点和连线的空间属性，Steiner 最小树问题可进一步细分为欧氏 Steiner 最小树（Euclidean Steiner Minimum Tree，ESMT）问题和绝对值距离 Steiner 最小树（Rectilinear Steiner Minimum Tree，RSMT）问题（连线只有水平和垂直两种形式），这两种 SMT 皆被证明是 NP 难题。本节主要针对 ESMT 问题进行求解。

欧氏 Steiner 树是指在给定欧氏平面上的原点集 P（也称正则点集），找出连接 P 的最短网络。可以引入辅助点集 S（称 s 点集），使由这些正则点和 s 点连成的网络树总长最小。关于 ESMT，有几个基本性质[55,56]：

性质 1　ESMT 上任何 s 点的关联边必定为 3 条，且这 3 条边中的任意 2 条边夹角为 120°。

性质 2　设 ESMT 的原点为 n 个，则 s 点的个数小于等于 $n-2$。

性质 3　设由 n 个原点所成区域的凸包，则所有 s 点都必定包含在凸包内。

针对 ESMT 问题，这里用数学语言进行描述：记图 $G=(V, E)$，V 为顶点集，E 为边集。$V=P\cup S$，其中，集合 $P=\{1, 2, 3, \cdots, n\}$ 为原点集合中元素的索引集，集合 $S=\{n+1, n+2, n+3, \cdots, 2n-2\}$ 为 s 点集合中元素的索引集。

定义 (i, j) 为图 G 中的一条边，$i, j\in V$ 且 $i<j$，$E_1=\{(i, j) \mid i\in P, j\in S\}$，$E_2=\{(i, j) \mid i\in S, j\in S\}$，$E=E_1\cup E_2$，$V$ 中任意两个节点 x_i

和 x_j 间的欧氏距离为 $|x_i-x_j|$。

于是，数学模型可以表示为

$$\min Z = \sum_{(i,j)\in E} |x_i - x_j| y_{ij} \tag{5-29}$$

$$s.t.\begin{cases} x_i \in R^2,\ i = n+1,\ n+2,\ n+3,\ \cdots,\ 2n-2 & (5\text{-}30) \\ \sum_{j\in S} y_{ij} = 1,\ i \in P & (5\text{-}31) \\ \sum_{i\in P} y_{ij} + \sum_{k<j,\ k\in S} y_{kj} + \sum_{k>j,\ k\in S} y_{jk} = 3,\ j \in S & (5\text{-}32) \\ \sum_{i=1}^{|V|}\sum_{j=1}^{|V|} y_{ij} = |V| - 1 & (5\text{-}33) \\ \sum_{i,\ j\in T} y_{ij} \leqslant |T| - 1,\ \forall T \subset V,\ T \neq \varphi & (5\text{-}34) \\ y_{ij} \in \{0,\ 1\},\ (i,\ j) \in E & (5\text{-}35) \end{cases}$$

式中，约束式（5-30）表明每个 s 点都存在于二维欧氏空间中，约束式（5-31）限制了每个原点仅与一个 s 点相连，约束式（5-32）限制每个 s 点的度为3，约束式（5-33）和约束式（5-34）保证所求得的是一棵生成树，约束式（5-35）为变量 y_{ij} 的赋值。当边（i，j）是最优 Steiner 树中的边时，$y_{ij}=1$；否则，$y_{ij}=0$。

5.6.2 Steiner 最小树问题的量子比特及量子旋转门表述

在求解 Steiner 最小树问题的 QACA 中，用量子比特来表示节点的量子信息素，设种群大小为 n，其信息素用量子位表示为 $p=(p_1,\ p_2,\ p_3,\ \cdots,\ p_n)$，这里，$p_j(j=1,\ 2,\ \cdots,\ n)$。

通过对量子位状态进行一系列酉变换来实现逻辑变换功能，其实现逻辑变换的量子装置称为量子门。量子门在物理上是实现量子计算的基础，本书主要应用量子门中的 Hadamard 门和量子旋转门来实现酉变换。量子比特也可以用概率幅表示为 $[\cos\varphi,\ \sin\varphi]^T$，$\varphi$ 是量子比特的相位，量子比特相位的 Hadamard 门调整方式可定义为

$$\begin{bmatrix} \alpha_i^{t+1} \\ \beta_i^{t+1} \end{bmatrix} = \frac{1}{\sqrt{2}} \begin{bmatrix} 1 & 1 \\ 1 & -1 \end{bmatrix} \begin{bmatrix} \alpha_i^{t} \\ \beta_i^{t} \end{bmatrix} \tag{5-36}$$

量子旋转门的调整方式可定义为

$$\begin{bmatrix}\alpha_i^{t+1}\\ \beta_i^{t+1}\end{bmatrix}=\begin{bmatrix}\cos(\theta_i) & -\sin(\theta_i)\\ \sin(\theta_i) & \cos(\theta_i)\end{bmatrix}\begin{bmatrix}\alpha_i^{t}\\ \beta_i^{t}\end{bmatrix} \tag{5-37}$$

式中，$i=1, 2, \cdots, m$，$[\alpha_i^{t+1}, \beta_i^{t+1}]^T$ 为第 t 次迭代的第 i 个量子位的概率幅，θ_i 为第 i 个量子位的旋转角度。旋转角的幅值直接影响算法的收敛速度和搜索能力，如果幅值过大，会导致早熟；如果幅值过小，会使收敛速度减慢。其值一般在 0.001π～0.05π，其大小和方向根据关系式 $\theta_i=\Delta\theta_i \cdot s(\alpha_i, \beta_i)$ 来确定。$s(\alpha_i, \beta_i)$ 是决定 θ_i 的旋转方向的符号函数，$\Delta\theta_i$ 是旋转角度的大小，其值可通过查表法得到，如表 5.11 所示。[42]

表 5.11 旋转角策略

x_i	b_i	$f(x)>f(b)$	$\Delta\theta_i$	$s(\alpha_i, \beta_i)$			
				$\alpha_i\beta_i>0$	$\alpha_i\beta_i<0$	$\alpha_i=0$	$\beta_i=0$
0	0	False	0	0	0	0	0
0	0	True	0	0	0	0	0
0	1	False	0	0	0	0	0
0	1	True	0.05π	−1	+1	±1	0
1	0	False	0.01π	−1	+1	±1	0
1	0	True	0.025π	+1	−1	0	±1
1	1	False	0.005π	+1	−1	0	±1
1	1	True	0.025π	+1	−1	0	±1

其中，x_i 表示当前解，b_i 表示当前最优解，$f(x)$ 为目标函数，在本书中为 Steiner 最小树的总长度。

5.6.3 状态转移规则

P_{ij}^k表示蚂蚁 k 的转移概率，其定义为

$$P_{ij}^k=\frac{[\tau_j]^\alpha[\eta_{ij}]^\beta[\mu_j]^\gamma}{\sum\limits_l[\tau_l]^\alpha[\eta_{il}]^\beta[\mu_l]^\gamma} \tag{5-38}$$

式中，l 表示所有可能的取值；τ_j 为第 j 个格点处的信息素；$\alpha(\alpha \geqslant 0)$ 为信息启发式因子，表示信息素的相对重要性；η_{ij}为边弧 (i, j) 的能见度，

其表达式为

$$\eta_{ij}=\frac{1}{d_{ij}}, \tag{5-39}$$

式中，d_{ij}为第 i 个格点与第 j 个格点间的欧氏距离；$\beta(\beta\geqslant 0)$ 为期望的启发式因子，表示能见度的相对重要性，其值越大，代表蚂蚁越倾向于选择格点间距离较短的第 j 个格点；μ_j 为第 j 个格点的量子信息强度，其表达式为

$$\mu_j=\frac{1}{|\alpha_j|^2}, \tag{5-40}$$

式中，$|\alpha_j|^2$表示第 j 个量子位的量子态坍缩到 $|0\rangle$ 的概率，即对蚂蚁 k 而言，$|\alpha_j|^2$越小，则 μ_j 越大，从而 P_{ij}^k也就越大；$\gamma(\gamma\geqslant 0)$ 为量子比特启发式因子，表示格点的量子态概率幅的相对重要性。

5.6.4 信息素的更新

信息素强度的更新方程为

$$\tau_j^{new}=\rho\cdot\tau_j^{old}+\sum_k\Delta\tau_j^k \tag{5-41}$$

式中，ρ 为轨迹的持久性（$0\leqslant\rho<1$），$\Delta\tau_j^k$ 为蚂蚁 k 在第 j 个格点上留下的信息素数量。在进行信息素局部更新时，因为每次释放的信息素量 Q 为常量，所以当格点 j 的蚂蚁经过数量越多，其局部更新的次数就越多，从而格点之间的信息素量差距也越来越大，这导致算法很容易陷入局部最优解。同时，Q 值的大小也会影响算法的搜索效率，当 Q 值过大时，算法易于收敛于局部最小值；当 Q 值过小时，算法的收敛速度将减缓。

按照 $\Delta\tau_j^k$ 的不同取法，可形成不同类型的蚁群算法。本书将 Q 值改进为动态调整值，并引入量子态概率幅。当第 j 个格点坍缩到 $|1\rangle$ 的概率 $|\beta_j|^2$越大，即格点 j 更易被蚂蚁选择，则 Q 值就越小，这样可防止格点间信息素量的过大差距，从而有效防止算法陷入局部最优，收敛速度也有所提高，其定义为

$$\Delta\tau_j^k=Q\cdot(1-|\beta_j|^2) \tag{5-42}$$

式中，Q 为一常数（$1\leqslant Q\leqslant 10000$）。

5.6.5 s点的搜索

对于ESMT问题，如果能求出s点的数目与位置，就可以将ESMT问题转化为常规的最小生成树进行求解。由ESMT的性质3可知，任意的s点都被局限于由原点构成的凸包内。为方便算法搜索，可将凸包区域进行网格处理，[57]由原点集所对应的坐标位置来确定一个矩形区域Z，则所有的s点在该区域内。按照对点位置的精度要求，将Z等分为若干个网格，使原点与s点都能放置在网格的顶点上，简称格点。以行序为主，按列值由小到大递增的顺序对格点进行编号。为每个格点设置一个标记变量，当格点处放置有正则点或是s点时，则将标记置为1；否则，置为0。只有在标志为0的格点处才考虑为新s点的位置或是移动s点的目标位置。用格点的行列值代替欧氏平面上相应点的坐标，平面上的结点间距离便可用绝对值距离代替。任一格点的领域定义为在其周围8个方向上的8个格点，矩形边缘的点除外。

由选择概率公式P_{ij}^{k}可知，当第j个格点的信息素越大、第i个格点到第j个格点之间的距离越短、第j个格点的量子信息强度越大，则它们的乘积所占比重越大，选择第j个格点的概率也就越大。在QACA中，将转移概率与0~1的随机数相比较，当转移概率大于随机数时，则蚂蚁k在所在邻域内更新s点；否则，移动到另一个蚂蚁所在的邻域内搜索s点。

5.6.6 利用Grover量子算法构造最小生成树

求出了s点的数目与位置，就可将ESMT问题转化为常规的最小生成树问题进行求解。本书利用Grover量子算法[58-60]来构造最小生成树，其过程如下：

（1）设置2个量子寄存器，第1个寄存器存放m（m为连通图G的总的边数）个量子位构成的初始$|0\rangle$态，第2个量子寄存器存放1个量子位构成的初始$|1\rangle$态。将寄存器1中的每个量子位进行Hadmard变换（以下简称H变换）：

$$|\phi_1>=H\otimes H\otimes\cdots\otimes H|00\cdots 0>=\frac{1}{\sqrt{2^m}}(|00\cdots 0>+|00\cdots 1>+\cdots+|11\cdots 1>)$$

$$=\frac{1}{\sqrt{2^m}}\sum_{i=0}^{2m-1}|x_i> \tag{5-43}$$

式中，算符⊗表示张量积。对量子寄存器 2 同样进行 H 变换得

$$\frac{1}{\sqrt{2}}(|0\rangle-|1\rangle)$$

（2）定义 Oracle 为 $F_i(V_{x_i}^1,\ V_{x_i}^2)\rightarrow\{0,\ 1\}$，$V_{x_i}^1$和 $V_{x_i}^2$表示连接边 x_i 的两个格点，对连通图 G 的每条边进行编号，每一边对应一个序号 j，$1\leqslant j\leqslant m$。搜索的解空间为 m^{n-1}（n 为正则点数）维的 Hilbert 空间，$w(x_i)$ 表示边 x_i 的平面欧氏距离，搜索函数 F_i 定义为

$$F_1(V_{x_1}^1,\ V_{x_1}^2)=\begin{cases}1，当\ x_1\in\{e\mid w(e)=\min\{w(e_j)\mid e_j\in E\}\}\\0，否则\end{cases} \tag{5-44}$$

$$F_i(V_{x_i}^1,\ V_{x_i}^2)=\begin{cases}1，当\ x_i\in\{e\mid w(e)=\min\{w(e_j)\mid e_j\in E\},\\w(e_j)>w(x_{i-1})\}，且\ (x_1,\ x_2,\ \cdots,\ x_{i-1})\ 中无回路，i>1\\0，否则\end{cases} \tag{5-45}$$

执行 Oracle：

$$|\phi\rangle=\frac{1}{\sqrt{N}}\sum_{x=0}^{N-1}(-1)^{F_i}|x>=|\phi\rangle-\frac{2}{\sqrt{N}}|x_0> \tag{5-46}$$

（3）对叠加态执行酉变换 $2|\phi\rangle<\phi|-I$，其中，$|\phi\rangle=\frac{1}{\sqrt{N}}\sum_{x=0}^{N-1}|x>$。

在执行算法的过程中，每次迭代都会使状态 $|x_0>$ 的振幅增加 $O(\frac{1}{\sqrt{N}})$，因此 $O(\sqrt{N})$ 次迭代后，状态 $|x_0>$ 的振幅接近于 1，迭代次数约为$\frac{\pi}{4}\sqrt{N}$。其一次迭代的过程可描述为：

$$|\phi\rangle=\frac{1}{\sqrt{N}}\sum_{x=0}^{N-1}|x>\rightarrow|\phi_1\rangle=\frac{1}{\sqrt{N}}\sum_{x=0}^{N-1}(-1)^{F_i}|x>=|\phi\rangle-\frac{2}{\sqrt{N}}|x_0>\rightarrow$$

$$|\phi_2> = (2|\phi\rangle<\phi|-I)|\phi_1\rangle = [2|\phi\rangle<\phi|]\left[|\phi\rangle - \frac{2}{\sqrt{N}}|x_0\rangle\right] =$$

$$\left[\frac{\sqrt{N}-4}{\sqrt{N}}\right]|\phi\rangle + \frac{2}{\sqrt{N}}|x_0\rangle$$

从式中可看出，每迭代一次，其满足条件的态 $|x_0\rangle$ 的幅值变为原来的2倍，其他态的幅值减小。当执行$\sqrt{N}$次迭代后，$|x_0\rangle$ 的幅值接近于1，其他态幅值接近于0。

（4）测量寄存器1得出满足MST的解。

5.6.7 算法步骤

步骤1：初始化量子位数目为 m，在第一次迭代时所有的 α_i、β_i（$i=1$，2，…，m）取值为 $1/\sqrt{2}$；初始迭代次数 $t=0$；初始化参数，设定各参数 α、β、γ、ρ 以及 Q 的值，最大迭代次数 t_{max}；对各格点，令 $\tau_j \leftarrow c$（c 为较小的正数），$\Delta\tau_j^k \leftarrow 0$。

步骤2：用Grover量子算法对 n 个正则点构成的图构造MST，计算目标函数值，记录当前最好解。

步骤3：随机生成 k 个 s 点（$1 \leqslant k \leqslant n-2$），$n$ 为正则点数。将 k 个蚂蚁放置在 k 个 s 点所在的格点上。

步骤4：令内循环次数 $count \leftarrow 0$，按照转移概率每个蚂蚁对 s 点进行搜索更新，并在移动的过程中更新 $\Delta\tau_j^k$。

步骤5：构造 $k+n$ 点的完全图，用Grover量子算法构造MST，计算目标函数值 Z，更新当前的最好解。

步骤6：$count \leftarrow count+1$，若 $count < \text{max}count$（$\text{max}count = t_{max}$），则转步骤4。

步骤7：应用量子旋转门对格点的量子信息进行更新。

步骤8：按照轨迹强度更新方程对各格点的信息素进行更新。

步骤9：对各格点置 $\Delta\tau_{ij}^k \leftarrow 0$，$t \leftarrow t+1$。

步骤10：若循环次数 $t<t_{max}$ 且无退化行为，则转步骤2。

步骤 11：输出当前最优解。

5.6.8 时间复杂度分析

记 $m=\frac{n(n-1)}{2}$，$m'=\frac{(n+k)\ (n+k-1)}{2}$，$N$ 为迭代次数，则步骤 1 的时间复杂度为 $O\ (Nm)$；步骤 2 中，根据 MST 的性质，每次搜索一个点，都要从 m 条边种中行搜索，Grover 量子搜索需要的时间代价为 $O(\sqrt{m})$，一共需要搜索 $n-1$ 次，从而 Grover 量子搜索 MST 总的时间代价为 $O[(n-1)\sqrt{m}]$；步骤 3 的时间复杂度 $O(k)$；步骤 4 的时间复杂度为 $O(k)$；步骤 5 的时间复杂度为 $O((n+k-1)\sqrt{m'})$；步骤 6 的时间复杂度为 $O(1)$；步骤 7 的时间复杂度为 $O(k)$；步骤 8 的时间复杂度为 $O(k)$；步骤 9 的时间复杂度 $O(n+k)$；步骤 10 的时间复杂度 $O(1)$。于是，QACA 的时间复杂度可表示为

$$O(Nm)+N[O((n-1)\sqrt{m}]\ +O(k)+NO(k)+$$
$$O[(n+k-1)\sqrt{m'}]+O(1)+O(k)+O(k)+O(n+k)+O(1)$$

因 $k\leqslant n-2$，将 m、m'、k 代入上式，可得 QACA 的时间复杂度为 $O(N^2n^2)$。

5.6.9 数值实验

为检验算法的有效性，上述算法用 Delphi 2010 编程实现，运行环境为 Intel（R）Core（TM）i3 CPU，2GB RAM，Win7 操作系统，表 5.12 为国际通用的测试数据库 STEINLIB 中正则点数在 20 内的部分实例数据。

在求解 ESMT 时，算法的参数取值分别为 $\alpha=1$，$\beta=1$，$\gamma=1$，$\rho=0.7$，$Q=1$，迭代次数为 100 次，用量子蚁群算法求得的结果如表 5.13 所示。

表 5.12 部分实例数据

点数	正则点坐标
3	(0, 1)、(0.9, 0)、(1, 0.1)
5	(0.7, 0.96)、(0.88, 0.46)、(0.88, 0.16)、(0.19, 0.26、(0.19, 0.06)
6	(0.14, 0.45)、(0.21, 0.27)、(0.75, 0.19)、(0.87, 0.34)、(0.67, 0.84)、(0.48, 0.86)
8	(0.25, 0.20)、(0.31, 0.09)、(0.39, 0.08)、(0.48, 0.10)、(0.48, 0.30)、(0.56, 0.32)、(0.64, 0.28)、(0.70, 0.20)
10	(0.31, 0.69)、(0.18, 0.60)、(0.30, 0.50)、(0.18, 0.40)、(0.28, 0.31)、(0.64, 0.69)、(0.71, 0.58)、(0.60, 0.50)、(0.72, 0.37)、(0.60, 0.30)
20	(0, 0.40)、(0, 0.50)、(0.03, 0.60)、(0.10, 0.65)、(0.20, 0.60)、(0.20, 0.48)、(0.30, 0.40)、(0.37, 0.45)、(0.39, 0.60)、(0.45, 0.65)、(0.50, 0.65)、(0.54, 0.60)、(0.54, 0.48)、(0.63, 0.40)、(0.70, 0.50)、(0.72, 0.60)、(0.80, 0.68)、(0.89, 0.65)、(0.90, 0.51)、(0.90, 0.41)

表 5.13 量子蚁群算法求解 ESMT 问题的运行结果

点数	MST 树长	ESMT 树长	s 点个数	s 点坐标
3	1.48678	1.14696	1	(0.9, 0.1)
5	1.72862	1.29971	1	(0.7, 0.16)
6	1.64743	1.22423	2	(0.75, 0.34)、(0.21, 0.34)
8	0.77002	0.75344	3	(0.56, 0.09)、(0.31, 0.28)、(0.48, 0.1)
10	1.48730	1.31472	4	(0.28, 0.40)、(0.64, 0.60)、(0.3, 0.6)、(0.64, 0.37)
20	2.02112	1.79434	6	(0.1, 0.51)、(0.2, 0.5)、(0.39, 0.48)、(0.54, 0.50)、(0.63, 0.60)、(0.7, 0.45)

为进一步检验算法的有效性，对正则点数为 3~20 的部分实例，用量子蚁群算法（QACA）和蚁群算法（ACA）[61] 分别进行运算，计算各自 Steiner 最小树与最小生成树总长的比值，并记录其最好值、最差值、平均值和平均运行时间，每组数据独立运行 10 次，结果如表 5.14 所示。从表 5.14 中可以看出，量子蚁群算法的运行结果要明显优于蚁群算法，其运行速度较蚁群算法也有显著提高。量子蚁群算法计算所得的 ESMT 在最好情况下要比最小生成树平均改进了约 16%，而表 5.14 中蚁群算法平均只改进了 3%。对于正则点个数在 5 以内的实例 QACA 运行结果相对较稳定，

10 次运行的 Steiner 最小树总长结果皆相同，对于正则点个数在 20 个以上的实例需增加迭代次数和运行次数来获得最优解或近似最优解，运行的时间也会相对增长。

量子计算在 PC 机上运行原理和量子计算机上完全不同，量子计算机可以同时处理叠加的态，而在经典计算机上无法实现。故量子蚁群算法中 Grover 搜索 MST 的部分在程序实现上做了简化处理，搜索时间只能理论上达到 $O(\sqrt{N})$ 的加速，实际实验中要略逊一筹。

表 5.14 QACA 与 ACA 运行结果 Steiner 比及运行时间的比较

点数	最好结果 Steiner 比		最差结果 Steiner 比		平均结果 Steiner 比		平均运行时间/s	
	ACA	QACA	ACA	QACA	ACA	QACA	ACA	QACA
3	0.9860214	0.7714389	0.9870528	0.7714389	0.9863373	0.7714389	0.436	0.026
4	0.9848114	0.7597111	0.9850500	0.7597111	0.9848592	0.7597111	1	0.117
5	0.9659930	0.7518877	0.9694154	0.7518877	0.9672486	0.7518877	2	0.361
6	0.9914836	0.7431150	0.9978997	0.7552551	0.9952025	0.7496707	3	0.907
7	0.8681694	0.6457372	0.8729808	0.6509918	0.8711407	0.6480492	6	1.860
8	0.9965880	0.9784681	0.9965880	0.9911690	0.9965880	0.9840565	13	3.128
9	0.9872722	0.8371185	0.9888845	0.8755698	0.9882030	0.8588527	26	5.736
10	0.9633919	0.8542073	0.9672848	0.9065176	0.9659074	0.8913985	48	9.022
12	0.9777726	0.8981078	0.9793049	0.9013799	0.9787597	0.8999141	135	18.430
14	0.9984140	0.8105691	0.9984140	0.9000064	0.9984140	0.8718556	300	25.819
16	0.9736818	0.8354139	0.9741142	0.8953181	0.9740278	0.8592961	660	65.228
18	0.9841913	0.8125162	0.9863715	0.8911170	0.9851396	0.8631658	1200	101.08
20	0.9906618	0.8942401	0.9938476	0.9103132	0.9919932	0.9055543	2160	160.65

5.7 求解图着色问题的量子蚁群算法

5.7.1 问题描述

图着色问题（Graph Coloring Problem，GCP）是图论中的一个经典组合优化问题，[62]内容包括点着色、边着色、组合地图的面着色等。GCP 在组合分析和实际生活中有着广泛的应用，如任务调度、资源分配、排课表等。一些典型的组合问题，如最大支配集、二次分配、最大覆盖问题等都可转化为图着色问题来加以研究。早期对图着色的算法研究，主要基于诸如布尔代数运算的着色算法和深度优先检索的回溯算法等经典方法，但由于图着色问题是典型的 NP-Hard 问题，大部分早期经典算法都具有指数级的时间复杂性。因此，一些近似算法或启发式算法陆续问世，本节主要针对图着色问题，将量子计算和蚁群算法相结合，给出量子蚁群算法的求解策略，并借助数值试验验证其有效性。[63-65]

图着色问题可描述为：已知 $G=(V, E)$，其中，$|V|=n$，$|E|=m$，且 G 为无自环的无向图。对图 G 的顶点着色是指将它的每个顶点涂上一种颜色，且使任何相邻顶点所涂的颜色都不同。若能用 k 种颜色对 G 的顶点进行着色，称 G 是 k 点可着色；若 G 是 k 点可着色，但不是 $k-1$ 点可着色，则称 G 是 k 色图，k 为 G 的色数，记作 $x(G)$，即 $x(G)$ 是使 G 着色的 k 的最小值。

记 $n=|V|$（n 种颜色在符合约束条件的情况下一定可以给图着色），$J_i=\{1, 2, \cdots, n\}$（顶点 i 可选颜色集，$1\leqslant i\leqslant n$），并设

$$x_{ij}=\begin{cases}1, & \text{顶点 } i \text{ 着颜色 } j\\ 0, & \text{其他}\end{cases}$$

则图着色问题的数学模型可以写成：

$$\min f(x)=\sum_{k=1}^{n}\delta\left(\sum_{l=1}^{n}x_{lk}\right)$$

$$s.t.\begin{cases}G_k(x)=\sum\limits_{k\in J}x_{ik}=1,\ 1\leqslant i\leqslant n & (5\text{-}47)\\ \sum\limits_{[v_i, v_j]\in E}x_{ik}\cdot x_{jk}=0,\ 1\leqslant i\leqslant n & (5\text{-}48)\\ x_{ij}\in\{0, 1\},\ 1\leqslant i\leqslant n,\ j\in J_i & (5\text{-}49)\end{cases}$$

其中，$\delta(z)=\begin{cases}1, & \text{若 } z>0\\ 0, & \text{其他}\end{cases}$.

目标函数为使用的颜色总数，约束式（5-48）避免了相邻顶点使用同一种颜色。

5.7.2 信息素更新

蚁群算法的核心是蚂蚁根据信息素的多少选择走哪一条路，将这一方法运用到图着色问题中：在某顶点上聚集的信息素越多，则选择该顶点着色的概率越大。在 QACA 中，将蚂蚁在物品上集聚的信息素强度更新转变为量子旋转门旋转角的更新，采用量子旋转门更新蚂蚁携带给物品的量子比特，聚集在物品上的信息素更新便转变成量子位概率幅的更新。量子旋转门的调整方式为

$$\begin{bmatrix}\alpha_i^{t+1}\\ \beta_i^{t+1}\end{bmatrix}=\begin{bmatrix}\cos(\theta_i) & -\sin(\theta_i)\\ \sin(\theta_i) & \cos(\theta_i)\end{bmatrix}\begin{bmatrix}\alpha_i^{t}\\ \beta_i^{t}\end{bmatrix} \tag{5-50}$$

式中，$i=1, 2, \cdots, m$，$[\alpha_i^{t+1}, \beta_i^{t+1}]^T$ 为第 t 次迭代的第 i 个量子位的概率幅，θ_i 为第 i 个量子位的旋转角度，其大小和方向根据关系式 $\theta_i=\Delta\theta * sign(\alpha_i * \beta_i)$ 来确定。$sign(\alpha_i * \beta_i)$ 为符号函数，当 $\alpha_i * \beta_i>0$ 时，则 $sign(\alpha_i * \beta_i)=1$；当 $\alpha_i * \beta_i<0$ 时，则 $sign(\alpha_i * \beta_i)=-1$；当 $\alpha_i * \beta_i=0$ 时，则 $sign(\alpha_i * \beta_i)=0$。$\Delta\theta$ 一般在 $0.01\pi \sim 0.08\pi$ 取值。

5.7.3 图着色问题的 QACA 算法设计

这里给出基于量子计算的蚁群算法，用于求解图着色问题。

对任一给定的无环图 $G(V, E)$，随机生成顶点序列 $V=\{v_1, v_2, v_3, \cdots, v_n\}$，颜色集 $Z=\{z_1, z_2, z_3, \cdots, z_p\}$ 做如下定义：

$D(n\times n)$ 表示图 $G(V, E)$ 的邻接矩阵，满足

$$D(i, j)=\begin{cases}1, & \text{表示 } v_i \text{ 与 } v_j \text{ 相关联}\\ 0, & \text{表示 } v_i \text{ 与 } v_j \text{ 不关联}\end{cases}$$

$S(n\times p)$ 为着色矩阵，满足

$$S(i, j)=\begin{cases}1, & \text{表示给 } v_i \text{ 着 } z_j \text{ 色}\\ 0, & \text{表示不给 } v_i \text{ 着 } z_j \text{ 色}\end{cases}$$

且 $\sum_{j=1}^{P} S(i, j)=1$。

$\tau(n\times p)$ 表示信息素矩阵，$\tau(i, j)$ 表示给 v_i 着 z_j 色的信息素，与着

色矩阵相对应；信息素强度的更新方程为

$$\tau_{ij}^{new}=\rho\cdot\tau_{ij}^{old}+\Delta\tau(i,\ j) \tag{5-51}$$

式中，ρ 为轨迹的持久性$(0\leqslant\rho<1)$，$\Delta\tau(i,\ j)=\sum_{k=1}^{m}\Delta\tau_k(i,\ j)$。

$\Delta\tau_k(i,\ j)$ 表示蚂蚁 k 在遍历过程中释放的信息素，按照 $\Delta\tau_k(i,\ j)$ 的不同取法，可形成不同类型的蚁群算法。基本蚁群算法在求解图着色问题时虽然取得了满意的结果，但依据状态转移规则来着色时，容易造成每次选择结果相同，陷入局部极值。每一周期蚂蚁搜索结束后，按照信息素更新规则对所有蚂蚁信息素的更新会对下一周期的蚂蚁选择着色时造成误导作用，减少未着色的色集被遍历的可能性，也会陷入局部极值。为避免以上缺点，在量子蚁群算法中利用量子旋转门更新信息素有效避免了因信息素量差距过大而导致的算法陷入局部最优。同时，本书将 Q 值改进为动态调整值，并引入量子态概率幅。当 v_i 点坍缩到 $|1\rangle$ 的概率 $|\beta_i|^2$ 越大，v_i 更易被蚂蚁选择着色，则 $\Delta\tau_k(i,\ j)$ 值越小，这样可防止着色点间信息素量的过大差距，从而有效防止算法陷入局部最优，收敛速度也有所提高，其定义为

$$\Delta\tau_k(i,\ j)=\frac{Q}{Countz}\cdot(1-|\beta_i|^2) \tag{5-52}$$

式中，$Countz$ 表示给 v_i 着色时已用的总颜色数，Q 为一常数 $(1\leqslant Q\leqslant 10000)$。

P_{ij}^k表示蚂蚁 k 在着色遍历时给顶点 v_i 着 z_j 色的转移概率，其定义为

$$P_{ij}^k=\begin{cases}\dfrac{[\tau_{ij}]^{\alpha}[\eta_{ij}]^{\beta}[\mu_{ij}]^{\gamma}}{\sum\limits_{l}[\tau_{il}]^{\alpha}[\eta_{il}]^{\beta}[\mu_{il}]^{\gamma}},\ c_j\in allowed_i^k\\ 0,\ 其他\end{cases} \tag{5-53}$$

式中，$allowed_i^k$ 为蚂蚁 k 给 v_i 着色时在已着色集中可行着色集，若不为空集，则按概率 P_{ij}^k 给 v_i 着 z_j 色；若为空集，则 $Countz=Countz+1$，给 v_i 着 z_{Countz} 色。l 表示所有可能的取值；$\alpha(\alpha\geqslant 0)$ 为信息启发式因子，表示信息素的相对重要性；η_{ij}为启发式信息，其表达式为

$$\eta_{ij}=\frac{1}{m_i} \tag{5-54}$$

式中，m_i 表示目前已经着色的最大着色数；$\beta(\beta\geqslant 0)$ 为期望的启发式因子；μ_{ij}为 v_i 点的量子信息强度，其表达式为

$$\mu_{ij}=\frac{1}{|\alpha_i|^2} \tag{5-55}$$

式中，$|\alpha_i|^2$表示第 i 个量子位的量子态坍缩到$|0\rangle$ 的概率，即对蚂蚁 k 而言，$|\alpha_i|^2$越小，则μ_{ij}越大，从而 P_{ij}^k也越大；$\gamma(\gamma\geqslant 0)$ 为量子比特启发式因子，表示格点的量子态概率幅的相对重要性。

5.7.4 算法步骤

步骤 1：初始化量子位数目为 m，在第一次迭代时所有的 α_i、β_i（$i=1, 2, \cdots, m$）取值为 $1/\sqrt{2}$；初始迭代次数 $t=0$；初始化参数，设定各参数 α、β、γ、ρ 以及 Q 的值，最大迭代次数 $t_{\max}$。

步骤 2：将 $k(1\leqslant k\leqslant n)$ 只蚂蚁随机置于 k 个不同的 $v_i(i\in[1, n])$ 点，此时 $Countz=1$，初始着色 $z_1\leftarrow 1$。

步骤 3：蚂蚁 k 进行遍历着色。当给 v_i 着色时，判断 $allowed_i^k$ 是否为空，若不为空，则按概率 P_{ij}^k给 v_i 着 z_j 色；若为空集，则 $Countz=Countz+1$，给 v_i 着 z_{Countz}色。按此方式直至一次着色完成。

步骤 4：若 k 只蚂蚁全部着色完成，则记录当前最佳着色序列和所用颜色数；否则，$k=k+1$ 返回步骤 3。

步骤 5：应用量子旋转门规则对信息素进行全局更新。

步骤 6：若达到预定迭代次数，则输出目前最好解；否则，$t=t+1$，返回步骤 2。

步骤 7：输出当前最优解。

5.7.5 时间复杂度分析

算法中，量子位数目与着色点数目相同，记为 $m=n$，令 N 为迭代次数，则步骤 1 的时间复杂度为 $O(Nm)$；步骤 2 的时间复杂度为 $O(k)$；步

骤 3 的时间复杂度 $O(n)$；步骤 4 的时间复杂度为 $O(1)$；步骤 5 的时间复杂度为 $O(n)$；步骤 6 的时间复杂度为 $O(1)$；步骤 7 的时间复杂度为 $O(1)$。于是，QACA 的时间复杂度可表示为：$O(Nm)+N[O(k)+k[O(n)+O(1)]+O(n)+O(1)]+O(1)$。因 $k\leqslant n$，将 m、k 代入上式，可得 QACA 的时间复杂度为 $O(Nn^2)$。算法步骤的时间复杂度定义和相关分析显示，量子蚁群算法从时间复杂度上来看，要比传统蚁群算法的时间复杂度 $O(Nn^3)$[66]更优；同时，从整体的数据实验运算效果来看，量子蚁群算法在整体的运算时间上有明显降低，运算结果的质量也有显著提高。

5.7.6 数值实验

为检验算法的有效性，上述算法用 Matlab（R2009a）编程实现，运行环境为 Intel（R）Core（TM）i3 CPU，2GB RAM，Win7 操作系统。

针对本书设计的求解图着色问题的量子蚁群算法，测试了图着色实例库（http：//mat. gsia. cmu. edu/COLOR/instances. html）中的部分实例，通过大量的数据实验显示当参数 $\alpha\in[1, 2]$，$\beta\in[1, 3]$，$\rho\in[0.7, 0.9]$ 时往往会取得较好的结果。根据文献[43]可将参数设置为 $\alpha=1$，$\beta=2$，$\rho=0.7$，通过实例 anna. col. b 对参数 γ 进行进一步讨论，由图 5. 8 可以看出当 $\gamma=1$ 时算法的求解效果较好。

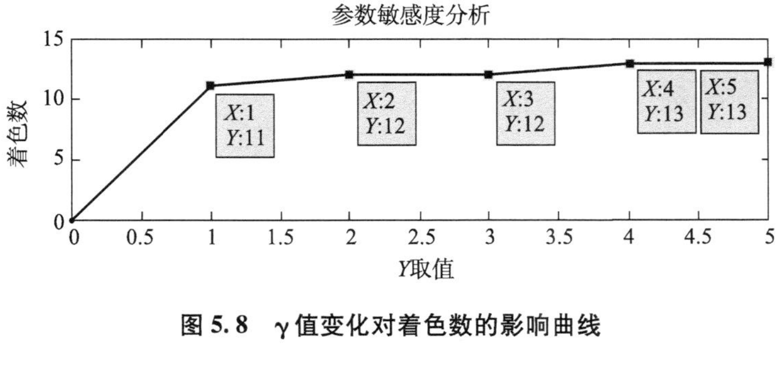

图 5. 8　γ 值变化对着色数的影响曲线

用量子蚁群算法迭代 10 次分别运行每个实例 100 次求得的结果如表 5. 15 所示，参数取值分别为 $\alpha=1$，$\beta=2$，$\gamma=1$，$\rho=0.7$，$Q=1$，其中标准偏差：

$$\mathrm{SD}=\sqrt{\frac{\sum(x_i-\bar{x})^2}{100-1}},\ i=1,\ 2,\ \cdots,\ 100,\ \bar{x}=\frac{x_1+x_2+\cdots+x_{100}}{100}$$

平均运行时间为算法运行 100 次总时间的平均值。从运行结果来看，利用量子蚁群算法所求得的 30 个实例的解中，只有 4 个与目前已知的最好解相差 1 个着色数，其余的皆与目前公布的最好解相同。同时，通过表 5.15 可以看出，利用量子蚁群算法着色遍历的结果具有较高的稳定性，标准偏差及平均运算时间也客观地反映了量子蚁群求解的解集离散程度较低，求解质量较高，运算速度也较快。

表 5.15　运行结果

实例	$\|V\|$	$\|E\|$	Best known	QACA					
				蚂蚁数	最小着色数	最大着色数	平均着色数	标准偏差（SD）	平均运行时间/s
anna. col. b	138	493	11	20	11	12	11. 1	0. 3	1. 5164
david. col. b	87	406	11	5	11	12	11. 5	0. 5	0. 3546
fpsol2. i. 1. col. b	496	11654	65	20	65	65	65	0	37. 0635
fpsol2. i. 2. col. b	451	8691	30	20	30	30	30	0	19. 3151
fpsol2. i. 3. col. b	425	8688	30	20	30	30	30	0	13. 0073
games120. col. b	120	638	9	10	9	9	9	0	0. 2515
huck. col. b	74	301	11	5	11	11	11	0	0. 2746
jean. col. b	80	254	10	5	10	10	10	0	0. 1732
le450_ 5a. col. b	450	5714	5	50	6	8	7. 4	0. 91	10. 6161
le450_ 15a. col. b	450	8168	15	50	16	18	16. 6	0. 92	11. 9079
le450_ 25a. col. b	450	8260	25	50	25	27	26. 1	0. 94	13. 2017
miles250. col. b	128	387	8	10	8	8	8	0	0. 7991
miles500. col. b	128	1170	20	10	20	22	21	0. 14	0. 4280
miles750. col. b	128	2113	31	10	32	34	32. 8	0. 6	0. 4123
mulsol. i. 1. col. b	197	3925	49	15	49	49	49	0	4. 5521
mulsol. i. 2. col. b	188	3885	31	15	31	31	31	0	1. 8967
myciel3. col. b	11	20	4	5	4	4	4	0	0. 0208
myciel4. col. b	23	71	5	5	5	5	5	0	0. 0362
myciel5. col. b	47	236	6	5	6	6	6	0	0. 0813
myciel6. col. b	95	755	7	5	7	7	7	0	0. 1382

续表

实例	| V |	| E |	Best known	QACA					
				蚂蚁数	最小着色数	最大着色数	平均着色数	标准偏差(SD)	平均运行时间/s
myciel7. col. b	191	2360	8	10	8	8	8	0	0. 5566
queen5_5. col. b	25	160	5	20	5	5	5	0	0. 1244
queen6_6. col. b	36	290	7	20	7	9	7. 3	0. 59	0. 1999
queen7_7. col. b	49	476	7	20	7	10	8. 2	0. 64	0. 2668
queen8_12. col. b	96	1368	12	20	12	14	12. 8	0. 6	0. 5514
queen8_8. col. b	64	728	9	20	9	11	9. 6	0. 66	0. 5341
queen9_9. col. b	81	2112	10	20	11	13	12. 4	0. 92	0. 4343
zeroin. i. 1. col. b	211	4100	49	15	49	49	49	0	5. 7975
zeroin. i. 2. col. b	211	3541	30	15	30	30	30	0	3. 5390
zeroin. i. 3. col. b	206	3540	30	15	30	30	30	0	3. 1973

为进一步探索蚂蚁数量对最终着色数的影响，在相同参数条件下，分别用1到15个蚂蚁对以上实例进行着色遍历，图5.9、图5.10、图5.11为实例zeroin. i. 1. col. b、zeroin. i. 2. col. b、zeroin. i. 3. col. b中不同遍历着色的蚂蚁数对着色总数的影响图。可以看出，通过加入量子旋转门可以有效地减少寻优蚂蚁的个数，同时能加快算法的收敛速度。

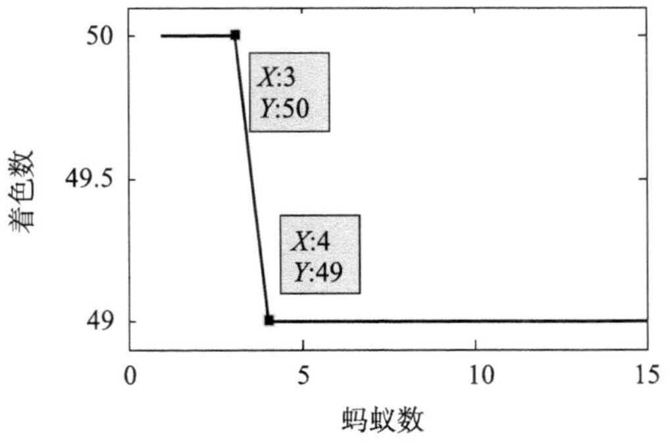

图5.9　实例zeroin. i. 1中蚂蚁数对着色数的影响

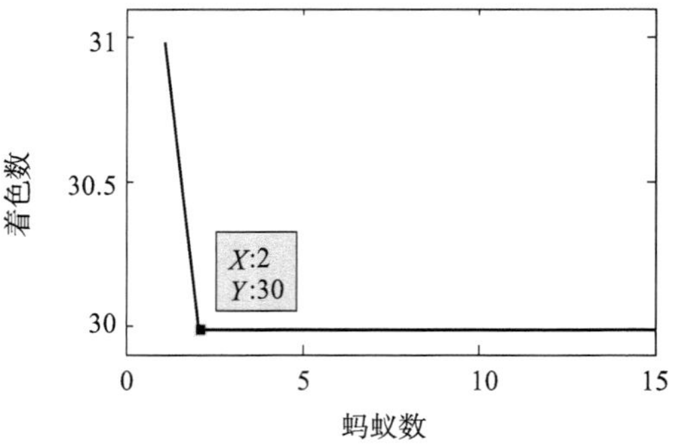

图 5.10　实例 zeroin. i. 2 中蚂蚁数对着色数的影响

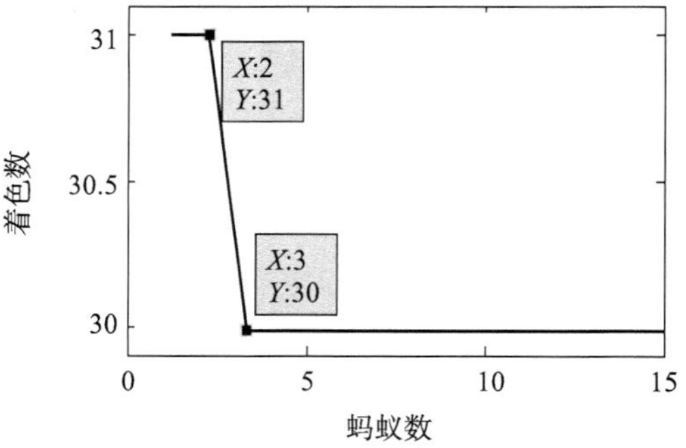

图 5.11　实例 zeroin. i. 3 中蚂蚁数对着色数的影响

为进一步说明算法的有效性和可行性，选取 | V | 为 10～500 之间的部分实例，采用相同的参数和蚂蚁数量，分别运行 10 次，将文献[67]中的贪心蚁群算法和量子蚁群算法的最优运行结果和最短运行时间进行比较，结果如表 5.16 所示。通过文献[67]可以看出，贪心算法的求解效果要优于传统蚁群算法。由此可知，量子蚁群算法的求解效果也比蚁群算法好；同时，在相同运行条件下，量子蚁群算法的运行速度更快。

由实验可看出，量子蚁群算法通过量子比特的编码叠加性使着色的速度更快，搜索能力更强，稳定性更高，同时能较好地克服蚁群算法陷入局部最优的缺点。

表 5.16 QACA 与 ACA 运行结果及运行时间比较

实例	|V|	运行结果		运行时间	
		ACA	QACA	ACA	QACA
myciel3. col. b	11	4	4	0. 0336	0. 0199
huck. col. b	74	12	11	0. 2319	0. 1716
myciel7. col. b	95	9	7	0. 9475	0. 5018
anna. col. b	138	13	11	1. 8907	1. 4782
zeroin. i. 1. col. b	211	49	49	7. 8868	5. 3097
fpsol2. i. 1. col. b	496	65	65	50. 5260	32. 5765

5.8 求解 QoS 组播路由问题的量子蚁群算法

5.8.1 问题描述

随着互联网的迅速普及，网络通信技术的高速发展，涌现出一系列具有点对多通信需求的网络应用系统，如 IPTV、音频视频会议、视频点播、远程教学、远程医疗、网络游戏、协同工作等。这些系统有较高的网络服务质量要求，组播（multicast）便是满足这种点对多通信需求的一种全新的、高效的网络传输技术，它是面向“组”的介于单播和广播通信之间的数据传输方式。[68] 组播传输是指一个或多个发送者（组播源节点）发送单一的数据包到多个接收者，这样的传输是一次性的、同时的。参与组播的多个接收者（目的节点）组成了一个组播组（multicast Group），每个接收者也称为组播组成员，组播源将数据包发送到特定组播组，只有属于该组播组的地址才能接收到数据包，由于无论有多少个目的地址，在整个网络的任何一条链路上只传送单一的数据包，因此组播大大节省了网络带宽，提高了数据传送效率，降低了主干网的带宽要求以及主干网出现拥塞的可能性。

自 Deering 博士于 1988 年首先提出 IP 组播的网络体系结构以来，[69] 组播得到学术界和业界的广泛重视。[70] 目前，组播已经发展成为一个庞大的研究领域，议题主要包括组播路由（multicast routing）、可靠组播（reliable multicast）、安全组播（security multicast）、聚合组播（aggregate multicast）、应用层组播和组播应用等。[71-74] 其中，组播路由作为组播的关键和核心技术，国际上许多研究机构和团体对其进行了深入研究。随着组播技术成为这个领域的研究热点，对于组播的服务质量也提出了更高的要求。服务质量（Quality of Service，QoS）用于定性或定量描述服务的提供者与接收者之间所协商的服务性能（如最小带宽、端到端的延迟、延迟抖动以及包丢失率等），即保证分组在传输过程中能够获得可预测、可分类可管理的服务质量级别。目前，QoS 组播的需求已成为互联网相关技术研究的热点。QoS 组播路由技术是保证网络 QoS 的关键技术之一，因此，高效的 QoS 组播路由算法显得至关重要。

1992 年，Kompella 首先证明了具有两个或多个不相关可加性约束的 QoS 组播路由是 NP-Complete 问题，[75] 并提出 KPP 算法[76] 来构造满足时延约束的 Steiner 树，以及一些通过在源节点的计算来寻找一个受限制的 Steiner 树的 BSMA[77]、KMP[78] 和 CDKS[79] 算法，它们需要网络中的每个节点都保存全局的网络状态信息以及 QoS 参数信息，当网络和多播组规模很大时，算法的代价很大，且不适合于组成员的动态加入和离开，因此不适合在互联网上使用。1959 年，Dijkstra 提出了一种基于最短路径树[80] 的方法，其基本思想是从源节点到各目的节点分别计算各自最短路径，并将其组成以源节点为根的树，但该方法并不能保证所生成树的总成本最低。由于 QoS 约束的多播路由问题是一个 NP 完全问题，随着智能优化算法的兴起，研究者开始使用遗传算法、免疫算法、蚁群算法、模拟退火算法等算法来求解多约束 QoS 组播路由问题。[81]

5.8.1.1 QoS 组播路由模型描述

在路由问题研究中，通信网络可以描述为一个无向赋权图 $G=(V, E)$。其中，V 为网络中所有节点的集合，E 为图中链接两个节点的网络链路集合，图的顶点表示为网络节点(路由器、交换机等网络节点设备)，图的边为网络链路；R^{+} 表示正实数集，R_{+} 表示非负实数集，对于任一链路 $e \in E$，定义 4 种 Qos 度量，代价 $\mathrm{cost}(e)$：$E \rightarrow R_{+}$，组播树的代价可以定义为组播树

中所有链路的代价和，即 $\mathrm{cost}[T(s, M)] = \sum_{e \in T(s, M)} \mathrm{cost}(e)$；带宽 $bandwith(e): E \rightarrow R_+$，带宽指在单位时间内，从网络中的某一点到另一点所能通过的最高数据率，即 $bandwidth[T(s, M)] = \max\{bandwidth(e), e \in P(s, t)\}$，它是减少端到端延迟的决定因素；时延 $delay(e): E \rightarrow R_+$，时延定义为源节点通过网络到达各目的节点的延迟最大值，即 $delay(T(s, M)) = \max\limits_{\forall t \in M}\{delay[P(s, t)]\}$；时延抖动 $delay\_jitter(e): E \rightarrow R^+$，时延抖动定义为任意两条到达组播目的节点的路径延迟之差，即 $delay\_jitter[T(s, M)] = |delay[P(s, t_1)] - delay[P(s, t_2)]|, \forall t_1, t_2 \in M$；时延和时延抖动是影响网络传输质量下降的两个因素。对于任一网络节点 $n \in V$，也定义以下4种Qos度量，代价：$\mathrm{cost}(n): V \rightarrow R_+$；时延 $delay(n): E \rightarrow R_+$；时延抖动 $delay\_jitter(n): V \rightarrow R^+$；包丢失率 $packet\_loss(n): V \rightarrow R^+$，丢包率定义为源节点到各目的节点的包丢失率最大值，即 $packet\_loss[T(s, M)] = \max\limits_{\forall t \in M}\{packet\_losss[P(s, t)]\}$，包丢失率表示数据传送过程中数据丢失、发生错误的数据量占总传送数据量的百分比。用 $T(s, M)$ 表示为一颗组播树，$s \in V$ 为组播树的源节点，$M \subseteq \{V - \{s\}\}$ 为该组播树的目标节点集，$P(s, t)$ 表示从源节点 s 到目的节点 $t(\forall t \in M)$ 的所有路径的集合，则 $P(s, t)$ 满足以下关系：

$$\mathrm{cost}[P(s, t)] = \sum_{e \in P(s, t)} \mathrm{cost}(e) \tag{5-56}$$

$$bandwidth\ [P(s, t)] = \min\ \{bandwidth(e), e \in P(s, t)\} \tag{5-57}$$

$$delay[P(s, t)] = \sum_{e \in P(s, t)} delay(e) + \sum_{n \in P(s, t)} delay(n) \tag{5-58}$$

$$delay\_jitter[P(s, t)] = \sum_{e \in P(s, t)} delay\_jitter(e) + \sum_{n \in P(s, t)} delay\_jitter(n) \tag{5-59}$$

$$packet\_loss[P(s, t)] = 1 - \prod_{e \in P(s, t)} (1 - packet\_loss(n)) \tag{5-60}$$

5.8.1.2 QoS 组播路由问题的数学模型

QoS 组播路由优化问题是指在给定的网络 $G=(V, E)$ 中，设 $s \in V$ 为组播源节点，$M \subseteq \{V-\{s\}\}$ 为组播目的节点集，设时延约束量 D_c、带

宽约束量 B_c、时延抖动约束量 J_c、包丢失率约束量 L_c 为给定的 QoS 参数约束量，寻找一棵从源节点 s 到所有目的节点 $t \in M$ 的组播树 $T=(V_T, E_T)$（$T \subseteq G$）并满足：

$$\min C(T) = \sum_{e \in E_T} \text{cost}(e) \tag{5-61}$$

$$s.t. \begin{cases} delay\ [P\ (s,\ t)\ ] \leqslant D_c & (5-62) \\ bandwith\ [P\ (s,\ t)\ ] \geqslant B_c & (5-63) \\ delay\_\ jitter\ [P\ (s,\ t)\ ] \leqslant J_c & (5-64) \\ packet\_\ loss\ [P\ (s,\ t)\ ] \leqslant L_c & (5-65) \end{cases}$$

其中，式（5-62）描述了优化目标，即使组播树的代价达到最小，式(5-62)至式（5-65）分别描述了对于任一目的节点 $\forall d \in D$，组播路由需要满足时延、带宽、时延抖动、包丢失率等 Qos 约束。特别地，如果仅满足其中的一个约束条件（如时延约束），则称之为单约束 Qos 组播路由，单约束可以看作是多约束 QoS 组播路由的一个特例。

5.8.2 QoS 问题求解中的量子比特和量子逻辑门

在求解 QoS 组播路由问题的 QACA 中，用量子比特来表示节点的量子信息素，设种群大小为 n，其信息素用量子位表示为 $p=(p_1, p_2, p_3, \cdots, p_n)$，这里，$p_j$（$j=1, 2, \cdots, n$）。通过对量子位状态进行一系列酉变换来实现逻辑变换功能，其实现逻辑变换的量子装置称为量子门。量子门在物理上是实现量子计算的基础，本书主要应用量子门中的 *Pauli-X* 门和量子旋转门实现酉变换。量子比特也可用概率幅表示为 $[\cos\varphi, \sin\varphi]^T$，$\varphi$ 是量子比特的相位，量子比特相位的 Pauli-X 门调整方式可定义为

$$\begin{bmatrix} \alpha_i^{t+1} \\ \beta_i^{t+1} \end{bmatrix} = \begin{bmatrix} 0 & 1 \\ 1 & 0 \end{bmatrix} \begin{bmatrix} \alpha_i^t \\ \beta_i^t \end{bmatrix} \tag{5-66}$$

量子旋转门的调整方式可定义为

$$\begin{bmatrix} \alpha_i^{t+1} \\ \beta_i^{t+1} \end{bmatrix} = \begin{bmatrix} \cos\ (\theta_i) & -\sin\ (\theta_i) \\ \sin\ (\theta_i) & \cos\ (\theta_i) \end{bmatrix} \begin{bmatrix} \alpha_i^t \\ \beta_i^t \end{bmatrix} \tag{5-67}$$

式中，$i=1, 2, \cdots, m$，$[\alpha_i^{t+1}, \beta_i^{t+1}]^T$ 为第 t 次迭代的第 i 个量子位的概率

幅，θ_i 为第 i 个量子位的旋转角度。旋转角的幅值直接影响算法的收敛速度和搜索能力，如果幅值过大，会导致早熟；如果幅值过小，会使收敛速度减慢。旋转角 θ_i 的取值一般通过查表法[7]得到，表中的角度值离散且固定，查表选择旋转角度的方式对种群多样性的增加具有一定限制，从而容易使搜索陷入局部最优。本节针对该问题设计一种改进的量子旋转角取值操作，改进的量子旋转角取值操作能够根据当前量子比特概率幅和目标函数值自适应地计算出相应的旋转角度，从而实现种群的多样性，避免算法早熟。θ_i 取值定义如下：

$$\theta_i = \text{sgn}(\alpha_i \cdot \beta_i) \cdot (\theta_0 + \text{sign}(f(x_i) - f(b_i)) \cdot 0.05\pi) \tag{5-68}$$

其中，$\text{sgn}(y)=\begin{cases}1, & y\geqslant 0\\ -1, & y<0\end{cases}$，$\text{sign}(z)=\begin{cases}1, & z>0\\ 0, & z=0\\ -1, & z<0\end{cases}$，$\theta_0$ 为初始旋转角度。

实验中，θ_0 取值为 0.05π，由 $\text{sgn}(\alpha_i \cdot \beta_i)$ 来控制旋转角的旋转方向，用 $\text{sign}[f(x_i)-f(b_i)]$ 来自适应地调整旋转角度的大小。x_i 表示当前解，b_i 表示当前最优解，$f(x)$ 为目标函数。

5.8.3 状态转移规则

在节点 i 的第 k 只蚂蚁选择下一节点 j 的规则为

$$j=\begin{cases}\text{argmax}\{[\tau_j]^{\alpha}[\eta_{ij}]^{\beta}[\mu_j]^{\gamma}\}, & q\leqslant q_0\\ P_{ij}^k, & 其他\end{cases} \tag{5-69}$$

式中，q 是（0，1）中均匀分布的随机数，在选择下一节点之前随机产生；q_0 是一个确定的最佳选择数，$q_0\in[0, 1]$，q_0 的具体取值将在数值实验部分讨论。

P_{ij}^k表示蚂蚁 k 的转移概率，其定义为

$$P_{ij}^k=\begin{cases}\dfrac{[\tau_j]^{\alpha}[\eta_{ij}]^{\beta}[\mu_j]^{\gamma}}{\sum\limits_{l}[\tau_l]^{\alpha}[\eta_{il}]^{\beta}[\mu_l]^{\gamma}}, & j\in N_i\\ 0, & 其他\end{cases} \tag{5-70}$$

式中，N_i 表示 v_i 的邻居节点的集合，l 表示所有可能的取值；τ_j 为第 j 个

节点处的信息素；$\alpha(\alpha\geqslant0)$ 为信息启发式因子，表示信息素的相对重要性；η_{ij}为边（i，j）的能见度，其表达式为

$$\eta_{ij}=\frac{1}{\mathrm{cost}(i,j)\cdot delay(i,j)} \tag{5-71}$$

式中，η_{ij}和费用相关；$\beta(\beta\geqslant0)$ 为期望的启发式因子，表示能见度的相对重要性，其值越大代表蚂蚁越倾向于选择节点间费用、时延较小的第 j 个节点；μ_j 为第 j 个节点的量子信息强度，其表达式为

$$\mu_j=\frac{1}{|\alpha_j|^2}, \tag{5-72}$$

式中，$|\alpha_j|^2$表示第 j 个量子位的量子态坍缩到$|0\rangle$ 的概率，即对蚂蚁 k 而言，$|\alpha_j|^2$越小，则μ_j 越大，从而 P_{ij}^k也越大；$\gamma(\gamma\geqslant0)$ 为量子比特启发式因子，表示节点的量子态概率幅的相对重要性。

5.8.4 信息素的更新

信息素强度的更新方程为

$$\tau_j^{new}=(1-\rho)\cdot\tau_j^{old}+\sum_k\Delta\tau_j^k \tag{5-73}$$

式中，ρ 为轨迹的挥发系数（$0\leqslant\rho<1$），$\Delta\tau_j^k$ 为蚂蚁 k 在第 j 个节点上留下的信息素数量。在进行信息素局部更新时，因为每次释放的信息素量 Q 为常量，当节点 j 的蚂蚁经过数量越多，其局部更新的次数就越多，从而节点之间的信息素量差距也越来越大，这导致算法很容易陷入局部最优解。同时，Q 值的大小也会影响算法的搜索效率，当 Q 值过小时，算法易于收敛于局部最小值；当 Q 值过大时算法的收敛速度将减缓。

按照 $\Delta\tau_j^k$ 的不同取法，可形成不同类型的蚁群算法。本书将 Q 值改进为动态调整值，并引入量子态概率幅。当第 j 个节点坍缩到$|1\rangle$ 的概率 $|\beta_j|^2$ 越大，即节点 j 更易被蚂蚁选择，则 Q 值就越小。这样可防止节点间信息素量的过大差距，从而有效防止算法陷入局部最优，收敛速度也有所提高，其定义为

$$\Delta\tau_j^k=Q\cdot(1-|\beta_j|^2) \tag{5-74}$$

式中，Q 为一常数（$1\leqslant Q\leqslant10000$）。

5.8.5 量子信息素转换

在许多情况下，传统蚁群算法容易陷入局部最优主要是因为种群多样性在搜索空间中的丢失。因此，本书将进化算法中的变异算子引入量子蚁群算法中来增加种群的多样性，避免算法早熟收敛。本书在量子蚁群算法中使用一种通过 Pauli-X 门设计的量子变异操作，具体步骤如下：

（1）随机从种群中选取若干个节点。

（2）对选中节点量子信息的量子比特的概率幅执行量子 Pauli-X 门操作，即完成该量子比特的变异操作。

量子变异操作实际上是更改了该量子比特态叠加的状态，使得原来倾向于塌缩到状态 $|1\rangle$ 的变为倾向于塌缩到状态 $|0\rangle$，或者相反。

5.8.6 算法步骤

步骤 1：初始化量子位数目为 m，在第一次迭代时所有的 α_i、β_i（$i=1, 2, \cdots, m$）取值为 $1/\sqrt{2}$；初始迭代次数 $N=0$；初始化参数，设定各参数 α、β、γ、ρ 以及 Q 的值，最大迭代次数 $N_{\max}$；对各节点，令 $\tau_j \leftarrow c$（c 为较小的正数），$\Delta\tau_j^k \leftarrow 0$；

步骤 2：将初始点置于当前解集中，在初始点放置 k 只蚂蚁。

步骤 3：对于每个蚂蚁 k 按照公式（5-70）选择要移至的节点 j，若该节点满足延迟且该节点链路满足带宽，则选择该节点；否则重新选择，并将节点 j 置于当前解集中。当已无法找到满足要求的节点 j 时，转步骤 4。

步骤 4：当所有的目标节点都已经置于解集中，转步骤 5；否则，转步骤 3。

步骤 5：随机选择 $t(1 \leqslant t \leqslant n)$ 个节点，应用 Pauli-X 门策略变异选中的各节点携带的量子概率幅。

步骤 6：计算各蚂蚁的目标函数值 $Z_k(k=1, 2, \cdots, m)$，记录当前的最好解。

步骤 7：按照轨迹强度更新方程（5-73）对各边的信息素进行更新。

步骤 8：应用量子旋转门对节点的量子信息进行更新。

步骤 9：对各边（i，j）置 $\Delta\tau_{ij}^{k} \leftarrow 0$，$N \leftarrow N+1$。

步骤 10：若循环次数 $N<N_{\max}$，则转步骤 2；否则，输出当前最优解。

5.8.7 时间复杂度分析

节点数为 $|V|$，算法中，量子位数目与顶点数目相同，记为 $m=n$，令 N 表示为迭代次数，则步骤 1 的时间复杂度为 $O(Nn)$；步骤 2 的时间复杂度为 $O(k)$；步骤 3 的时间复杂度 $O(n)$，步骤 4 的时间复杂度为 $O(1)$；步骤 5 的时间复杂度为 $O(t)$；步骤 6 的时间复杂度为 $O(k)$；步骤 7 的时间复杂度为 $O(n)$；步骤 8 的时间复杂度为 $O(n)$；步骤 9 的时间复杂度为 $O(n)$；步骤 10 的时间复杂度为 $O(1)$。于是，QACA 的时间复杂度可估算为

$$O(Nn)+N[O(k)+k(O(n))+O(1)+O(t)+O(k)+O(n)+O(n)+O(n)+O(1)]$$

由于 $k\leqslant n$，$t\leqslant n$，可得 QACA 的时间复杂度为 $O(Nn^2)$。

5.8.8 收敛性分析

假设 1：模型的最优解集非空，即存在 s^* 使得 $C(s^*) = \min\{C(s^*) | s^* \in S^*\}$，其中，可行最优解集为 S^*，$S^* \subset E$ 且 $S^* \notin \Phi$，s^* 为 S^* 中的一个元素。

假设 2：设信息素数量 $\tau_j(t)$ 的全局最大值为 $\tau_{\max}$，全局最小值为 $\tau_{\min}$，$g(s^*)$为任意搜索时刻 j 上最大的信息素数量，对于 $\forall\tau_j$，则有 $\tau_{\min} \leqslant \tau_j(t) \leqslant \tau_{\max}=g(s^*)$。

定理 1：用 QACA 求解具 QoS 组播路由问题的每个全局最优解，每个 m 维的全局最优解存在 m 个量子比特与之相互对应。

证明：将 m 维全局最优解由解空间映射到节点空间，存在一个量子比特 $q_i=\begin{bmatrix}\alpha_i\\ \beta_i\end{bmatrix}$ 与之对应，QACA 经过 n 次迭代后的最优解节点的量子比特为 $q'=[U(\theta)]^{n-1}[\alpha_i,\beta_i]^T$，其中，$U(\theta)$ 表示量子旋转门对节点的量子信息进

行更新规则。故对于每个全局最优解 $X=(x_1, x_2, \cdots, x_m)$，均存在 m 个量子比特与之对应。由定理 1 可知，当应用 QACA 求解问题时，可使寻优范围得到扩充，从而可显著提高获得全局最优解的概率。

定理 2：设 $p^*(t)$ 为时刻 t 内量子蚁群算法寻找到的最优解的概率，则对于 $\forall\varepsilon>0$ 和足够长时间 t，有 $p^*(t) \geqslant 1-\varepsilon$，且当 $t\to\infty$ 时有 $\lim\limits_{t\to\infty} p^*(t)=1$。

证明：对于 QACA，经过迭代循环后总能找到一次最优解，设 $p(t)$ 为 t 时刻内 QACA 寻优最优解的概率，$\forall\varepsilon>0$，总有 $p(t) \geqslant 1-\varepsilon$ 成立。由假设 2 得知，对任意信息素 $\tau_j(t)$，具有 $\tau_{\min}\leqslant\tau_j(t)\leqslant\tau_{\max}$，考虑 $p_{\min}$为最差寻优情况下概率，则

$$p_{\min}=\frac{[\tau_{\min}]^{\alpha}[\eta_{ij}]^{\beta}[\mu_j]^{\gamma}}{\sum\limits_{k\notin e_{ij},\ k\neq j}[\tau_{\max}(t)]^{\alpha}[\eta_{\max}(t)]^{\beta}[\mu_{\max}(t)]^{\gamma}+[\tau_{ik}(t)]^{\alpha}[\eta_{ij}(t)]^{\beta}[\mu_j(t)]^{\gamma}}\geqslant$$

$$\frac{[\tau_{\min}]^{\alpha}[\eta_{\min}]^{\beta}[\mu_{\min}]^{\gamma}}{(n-1)[\tau_{\max}(t)]^{\alpha}[\eta_{\max}(t)]^{\beta}[\mu_{\max}(t)]^{\gamma}+[\tau_{\min}(t)]^{\alpha}[\eta_{\min}(t)]^{\beta}[\mu_{\min}(t)]^{\gamma}}$$

$$>0$$

对任意小的 $p_{\min}$，均有 $p\geqslant p_{\min}$存在。

任意时刻 t 时的概率 $p\geqslant p_{\min}^n>0$，当 t 充分大时，总能寻到一个最优解，则发现最优解的概率 $p(t)$ 的低限值为

$$p(t)=1-(1-p)^t \tag{5-75}$$

当 $\forall\varepsilon>0$，当 t 充分大时，有 $p(t)\geqslant 1-\varepsilon$

当 $t\to\infty$ 时，$\lim\limits_{t\to\infty}(1-p)^t=0$

由式（5-75）得，$\lim\limits_{t\to\infty}p(t)=1$

证毕。

定理 3：设 t^* 为首次寻找到最优解的时刻，最优树边上信息素的值大于最优树以外边上信息素的值，即对于 $\forall(i, j)\in s^*$，$\forall(k, l)\in E$ 且 $\forall(k, l)\notin s^*$，存在一个 t_0，当 $\forall t>t^*+t_0$ 时，有 $\tau_j(t)>\tau_l(t)$。

证明：在找到最优解之后，最优树边上的信息素单调增加，而最优树以外边上的信息素在达到最小值 $\tau_{\min}$之前按因子指数 $1-\rho$ 单调减少。考虑最坏情形，令 $(i, j)\in s^*$，且 $\tau_j(t^*)=\tau_{\min}$；$(k, l)\notin s^*$，且 $\tau_l(t^*)=$

$\tau_{\max}$。在迭代时刻 t^*+t'，有

$$
\begin{aligned}
&\tau_j(t^*+t') \\
&= (1-\rho)^{t'} \cdot \tau_j(t^*) + Q \cdot \sum_{i=1}^{t'-1} (1-\rho)^i \cdot [1-|\beta_j(i)|^2] \\
&= (1-\rho)^{t'} \cdot \tau_{\min} + Q \cdot \sum_{i=1}^{t'-1} (1-\rho)^i \cdot [|\alpha_j(i)|^2] \\
&> Q \cdot t' \cdot (1-\rho)^{(t'-1)} \cdot [|\alpha_j(t'-1)|^2]
\end{aligned}
$$

此外，在 t^*+t'时刻，$\tau_l(t)$ 的值为

$$\tau_l(t^*+t') = \max\{\tau_{\min}, (1-\rho)^{t'} \cdot \tau_{\max}\}$$

只需要考虑 $\tau_j(t^*+t') > (1-\rho)^{t'}\tau_{\max}$，即

$$(1-\rho)^{t'} \cdot \tau_{\min}+Q \cdot t' \cdot (1-\rho)^{(t'-1)} \cdot [|\alpha_j(t'-1)|^2] > (1-\rho)^{t'}\tau_{\max}$$

由假设 2 得

$$Q \cdot t' \cdot (1-\rho)^{(t'-1)} \cdot [|\alpha_j(t'-1)|^2] > (1-\rho)^{t'}\tau_{\max} - (1-\rho)^{t'} \cdot \tau_{\min} > 0$$

$$t'>0 \triangleq t_0$$

故当 $\forall t>t^*+t_0$ 时，有

$$\tau_j(t) > \tau_l(t)$$

证毕。

5.8.9 数值实验

为检验算法的有效性，上述算法用 Matlab（R2009a）编程实现，运行环境为 Intel（R）Core（TM）i3 CPU，2GB RAM，Win7 操作系统。在仿真实验过程中，利用 Salama 的网络拓扑随机生成算法[82]随机生成包含 20 个到 100 个节点的网络拓扑图，并随机生成每条链路的可用带宽和时延大小。图 5.12 为一个随机生成的 50 个节点的网络图，仿真场景选择在 1000 km×1000 km 的正方形区域内。实验中，组播链路及节点的费用分别在［2，10］上均匀分布，节点的时延在［0，50］ms 上均匀分布，链路带宽［50，200］kb/s 上均匀分布，链路时延等于边的距离除以三分之二光速，无边的取无穷大。

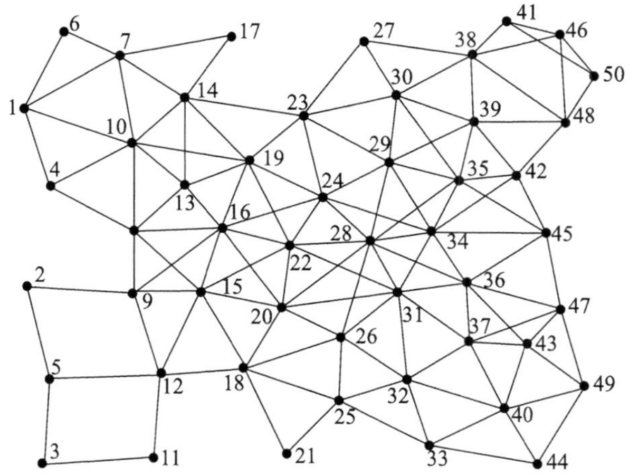

图 5.12　50 个节点的网络拓扑

5.8.9.1　算法的收敛性

使用 100 个节点的网络拓扑，随机生成 1 个源节点和 6 个目标节点。算法的参数取值分别为 $\alpha=1$，$\beta=1$，$\gamma=1$，$\rho=0.9$，$Q=10$，$q_0=0.7$，蚂蚁数为 10，迭代次数为 30 次。从图 5.13 可以看出，QACA 在求解 Qos 组播路由问题时的收敛特性，算法在迭代 19 次时收敛到最优解。

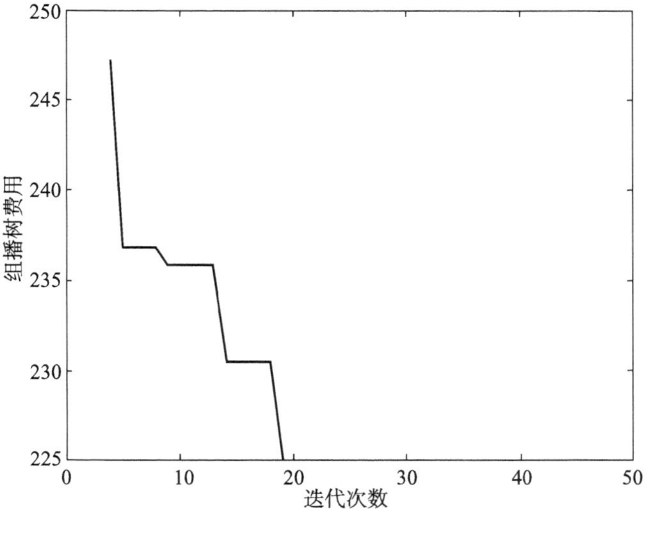

图 5.13　组播费用随迭代次数的变化

分别从 1 ~ 50 只蚂蚁迭代 50 次得到的蚂蚁数量与费用的收敛，见图 5.14。可以看出，当蚂蚁数达到 40 的时候组播树费用趋于稳定，故在实验中算法的最佳迭代次数和蚂蚁数分别为 20 次和 40 只。

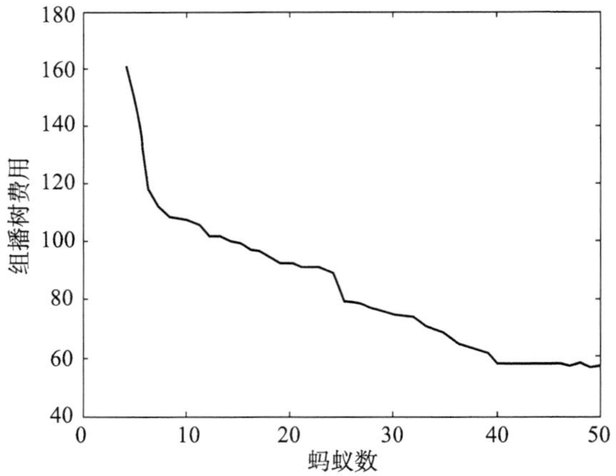

图 5.14　组播费用随不同蚂蚁数量的变化

5.8.9.2　算法参数的确定

同样使用 100 个节点的网络拓扑，对 q_0 的取值进行数值试验，$\alpha=1$，$\beta=1$，$\gamma=1$，$\rho=0.9$，$Q=10$，选择 40 只蚂蚁，迭代 20 次，试验结果见图 5.15。可以看出，当 q_0 取值为 0.6 时算法的求解效果最好，q_0 的策略增强了搜索的多样性，可以避免算法过早陷于搜索停滞。

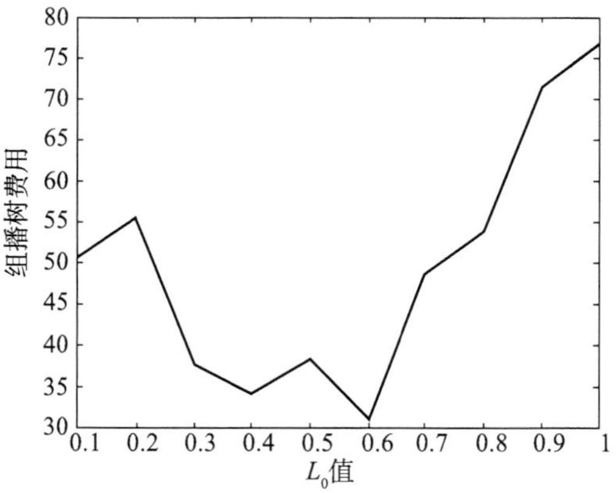

图 5.15　组播费用随 q_0 取值的变化

在求解 QoS 组播路由问题时，算法参数的范围可以参考蚁群算法在求解 TSP 问题中的设置。ρ 的范围可以取 0.7～0.9，通过大量的数据实验，QACA 中的 α、β、γ 的取值范围为 1～4。为更好地优化 QACA 中参数的取值，可通过求解 QoS 组播路由问题来确定这些参数值。设置 $q_0=0.6$，ρ 为 0.9，Q 为 90。表 5.17 是不同参数下 QACA 在迭代 20 次后取 10 次均值的比较结果。从中我们可以看出，当 $\alpha=1$，$\beta=1$，$\gamma=3$ 时，QACA 的求解效果最好。

表 5.17　参数 γ、λ、θ 对结果的影响

(α, β, γ)	Cost	(α, β, γ)	Cost	(α, β, γ)	Cost	(α, β, γ)	Cost
(1, 1, 1)	64.8828	(1, 2, 1)	42.8825	(1, 3, 1)	60.9715	(1, 4, 1)	24.1014
(2, 1, 1)	41.3210	(2, 2, 1)	37.5214	(2, 3, 1)	51.1317	(2, 4, 1)	48.7984
(3, 1, 1)	36.7676	(3, 2, 1)	48.1454	(3, 3, 1)	41.8905	(3, 4, 1)	45.6734
(4, 1, 1)	69.0435	(4, 2, 1)	43.4937	(4, 3, 1)	33.9279	(4, 4, 1)	39.6839
(1, 1, 2)	42.9699	(1, 2, 2)	41.2841	(1, 3, 2)	39.3901	(1, 4, 2)	24.1014
(2, 1, 2)	31.1491	(2, 2, 2)	22.4844	(2, 3, 2)	46.1217	(2, 4, 2)	62.0546
(3, 1, 2)	69.3962	(3, 2, 2)	52.1815	(3, 3, 2)	30.236	(3, 4, 2)	47.4269
(4, 1, 2)	56.5094	(4, 2, 2)	36.1954	(4, 3, 2)	76.9887	(4, 4, 2)	35.2151
(1, 1, 3)	17.1271	(1, 2, 3)	43.9615	(1, 3, 3)	45.9629	(1, 4, 3)	54.9922
(2, 1, 3)	21.5221	(2, 2, 3)	95.2002	(2, 3, 3)	33.8138	(2, 4, 3)	51.2218
(3, 1, 3)	40.0494	(3, 2, 3)	34.0122	(3, 3, 3)	24.8908	(3, 4, 3)	48.3705
(4, 1, 3)	19.8703	(4, 2, 3)	70.4903	(4, 3, 3)	74.8537	(4, 4, 3)	75.109
(1, 1, 4)	30.8819	(1, 2, 4)	71.8673	(1, 3, 4)	40.847	(1, 4, 4)	59.7136
(2, 1, 4)	33.3817	(2, 2, 4)	36.1015	(2, 3, 4)	35.4425	(2, 4, 4)	29.7558
(3, 1, 4)	60.4130	(3, 2, 4)	33.0812	(3, 3, 4)	21.5221	(3, 4, 4)	65.0869
(4, 1, 4)	35.5825	(4, 2, 4)	57.9704	(4, 3, 4)	45.7207	(4, 4, 4)	42.3895

5.8.9.3 算法性能验证

为进一步测试 QACA 的有效性，这里将 QACA 与其他三种算法进行比较，即 Wang 的基于逐渐变化的取向因子的蚁群算法[83]（GCOA），Zhang

的遗传模拟退火算法[84]（NGSA）和 Sun 的量子粒子群优化算法[85]（QP-SO）。QACA 的参数设置为 $q_0=0.6$，$\rho=0.9$，$Q=90$，$\alpha=1$，$\beta=1$，$\gamma=3$，蚂蚁数量为 40 只。分别用 QACA 和以上三种算法来求解组播路由问题中的 100 个节点的网络拓扑结构，最大迭代数次数为 100 次，组播源节点和组成员节点被随机选中，组成员的数量占总数的拓扑节点的 10%。图 5.16 为它们的最小组播费用随迭代次数变化的比较，从图中可以看出，四个算法经过不断迭代，最后均收敛于 50 左右。但 QACA 的收敛速度最快，NGSA 收敛最慢。虽然四种算法最终得到的最优解很相近，但从放大的图中，还是可以看出 QACA 得到的解要比其他算法更优，其次是 QPSO 和 GCOA，NGSA 所求的解最差。

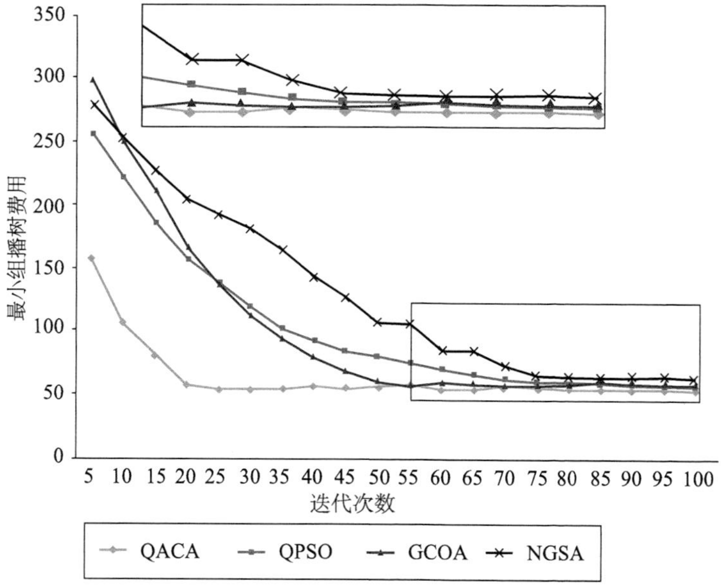

图 5.16　四种算法对 100 个节点的网络拓扑结构求解比较

图 5.17 为各算法的运行时间随组播节点数目变化的结果比较，其中，节点数目为 10~200，可以看出，NGSA 和 QPOS 的运行时间随着拓扑结构节点的增多而增加，而 QACA 和 GCOA 相对比较稳定。尽管节点数目在 165 个之前 QACA 的收敛速度没有 GCOA 快，但当节点数超过 165 个时，QACA 的运行时间逐渐小于 GCOA。因为 QACA 基于量

子信息素的更新使搜索规模大大提高，当拓扑规模增加时，克服传统蚁群算法的无效搜索比例增长而导致的运行时间过长。整体来看，QACA 随节点增长，运行时间增长较 NGSA、QPSO 更为稳定；相对 GCOA 而言，节点数目越多 QACA 运行的时间优势越明显。

图 5.18 为各算法的最小组播费用随组播节点数目变化的比较，随机生成相应数目的拓扑图以及源节点和目标节点与图 5.16 相同，迭代次数为 20 次，蚂蚁数位 40 只。可以看出，对于所有规模的拓扑图，均显示 QACA 的运行结果最好。

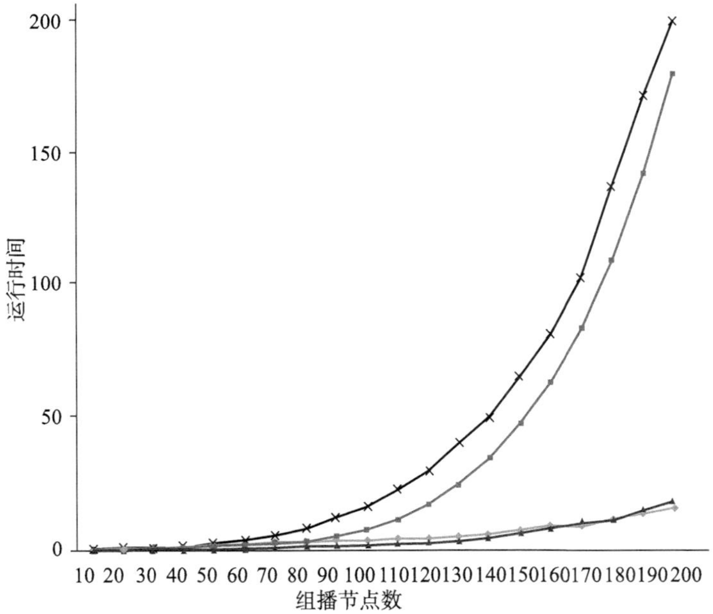

图 5.17　各算法运行时间随节点数量的变化

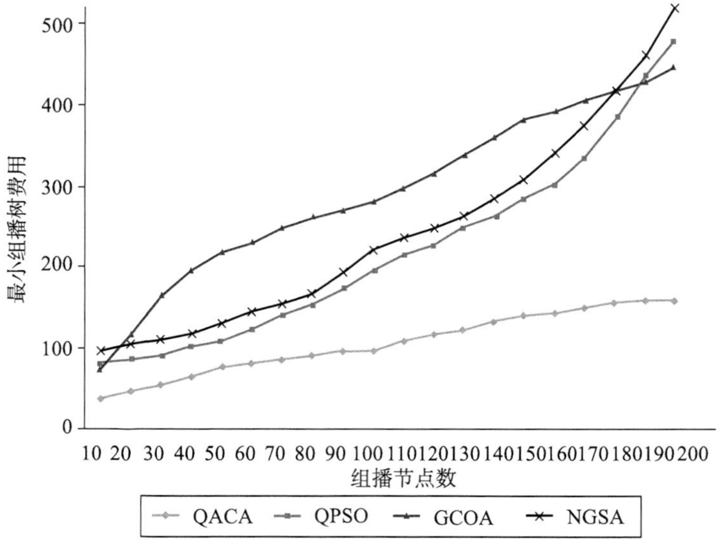

图 5.18　各算法的最小组播费用随组播节点数目变化比较

综上所述，通过实验可以看出，量子蚁群算法通过量子比特的编码叠加性，使得寻优过程中的搜索空间更大，加强了全局搜索能力，并能有效地避免算法陷入局部最优。

本章将量子计算中的量子比特和量子旋转门结合到蚁群算法中，用量子比特来表示蚂蚁在物品上释放的信息素，用量子态概率幅来确定信息素更新的量，增加了量子比特启发式因子，利用量子比特的叠加性和纠缠性，有效地提高了算法的全局搜索能力，使收敛速度有所提高。通过各个组合优化问题的求解实验，并与其他算法进行比较，验证了量子蚁群算法具有一定的优越性，是一种有效求解优化问题的算法。在求解 Steiner 最小树问题时，结合了 Grover 量子算法，使算法的整体优化能力得到加强。同时，针对 QoS 组播路由问题，证明了量子蚁群算法的渐近收敛性，为算法的理论研究奠定了基础。

参考文献

[1] WENJIA YANG, HAIJUAN ZHOU, YULING LI. A quantum-inspired evolutionary algorithm for global optimizations of inverse problems [J]. COMPEL: The International Journal for Computation and Mathematics in Electrical and Electronic Engineering, 2014, 33 (1): 201-209.

[2] MIN LIU, FENG ZHANG, YUNLONG MA, HEMANSHU ROY POTA, WEIMING SHEN. Evacuation Path Optimization Based on Quantum Ant Colony Algorithm [J]. Advanced Engineering Informatics, 2016, 30 (3): 259-267.

[3] GWO-RUEY YU, YU-CHIA HUANG, CHIH-YUNG CHENG. Sum-of-squares-based fuzzy controller design using quantum-inspired evolutionary algorithm [J]. International Journal of Systems Science, 2016, 47 (9): 2225-2236.

[4] SAIED ASGHARI, KIANOUSH AZADI. A reliable path between target users and clients in social networks using an inverted ant colony optimization algorithm [J]. Karbala International Journal of Modern Science, 2017, 3 (3): 143-152.

[5] JUN SUN, WEI FANG, XIAOJUN WU, ZHENPING XIE, WENBO XU. QoS multicast routing using a quantum-behaved particle swarm optimization algorithm [J]. Engineering Applications of Artificial Intelligence, 2011, 24: 123-131.

[6] RONG WANG, HONG JIANG. Two-Dimension Path Planning Method Based on Improved Ant Colony Algorithm [J]. Advances in Pure Mathematics, 2015, 05 (9): 571-578.

[7] YOUCHUAN WAN, MINGWEI WANG, ZHIWEI YE, XUDONG LAI. A feature selection method based on modified binary coded ant colony optimization algorithm [J]. Applied Soft Computing, 2016, 49 (12): 248-258.

[8] ZHAO-HONG JIA, YU-LAN ZHANG, JOSEPH Y. -T. LEUNG, KAI LI. Bi-criteria ant colony optimization algorithm for minimizing makespan

and energy consumption on parallel batch machines [J]. Applied Soft Computing, 2017, 55 (6): 226-237.

[9] XIANG FENG SUO, YUN HUI GAO, XUE HAN. University Course Arrangement System Based on Improved Ant Colony Algorithm Design [J]. Applied Mechanics and Materials, 2014, 3512 (651): 2536-2540.

[10] 马良．离散系统优化的蚂蚁算法研究 [D]. 上海交通大学，1999：1-55.

[11] 马良．来自昆虫世界的寻优策略——蚂蚁算法 [J]. 自然杂志，1999，21 (3)：161-163.

[12] 马良，项培军．蚂蚁算法在组合优化中的应用 [J]. 管理科学学报，2004，4 (2)：32-37.

[13] 马良．瓶颈 TSP 的蚂蚁系统优化 [J]. 计算机工程，2001，27 (9)：24-25.

[14] 马良．多目标投资决策模型的进化算法 [J]. 上海理工大学学报，1998，20 (1)：56-59.

[15] 马良，蒋馥．多目标旅行售货员问题的蚂蚁算法求解 [J]. 系统工程理论方法应用，1999，8 (4)：23-27.

[16] 马良，蒋馥．度限制最小树的蚂蚁算法 [J]. 系统工程学报，1999，14 (3)：211-214.

[17] 孙婷，孙晔，向新，许蕴山，张远贵．基于蚁群算法的广义扩展双桥问题的最优解 [J]. 现代防御技术，2015，(05)：242-246.

[18] 吴婷，余胜威．基于量子粒子群和蚁群算法的物流配送路径优化 [J]. 物流技术，2015，(16)：131-135.

[19] 马颖，田维坚，樊养余．量子扩展蚁群连续优化改进算法 [J]. 计算机工程与设计，2015，(9)：2549-2554，2590.

[20] 李积英，党建武．基于量子蚁群算法的图像分割 [J]. 系统仿真学报，2014，(4)：926-930.

[21] 王宏霞，李亚龙．求解 QoS 最佳路由选择问题的量子蚁群算法 [J]. 计算机仿真，2014，(3)：295-298.

[22] 宗德才，王康康，丁勇．蚁群算法求解旅行商问题综述 [J]．计算机与数字工程，2014，(11)：2004-2013.

[23] SYSLO，M. M，et al. Discrete Optimization Algorithms [M]. Englewood Cliffs，New Jersey：Prentice - Hall，1983：118-165.

[24] 贺毅朝，王熙照，李文斌，赵书良．求解随机时变背包问题的精确算法与进化算法 [J]．软件学报，2017，(2)：185-202.

[25] 曹平方，李灵，李诗珍．基于分枝界定的 VRP 模型精确算法研究及应用 [J]．包装工程，2014，(17)：97-101.

[26] 王雯，武燕．关于 0-1 背包问题的研究 [J]．机械工程与自动化，2014，(3)：221-223.

[27] 刘朝霞．求解 0-1 背包问题的两种算法设计 [J]．阴山学刊（自然科学版)，2014，(3)：5-8.

[28] FEDERICO DELLA CROCE，FABIO SALASSA，ROSARIO SCATAMACCHIA. An exact approach for the 0 - 1 Knapsack Problem with Setups [J]. Computers and Operations Research，2016.

[29] FEDERICO DELLA CROCE，FABIO SALASSA，ROSARIO SCATAMACCHIA. A new exact approach for the 0-1 Collapsing Knapsack Problem [J]. European Journal of Operational Research，2016.

[30] DAVID PISINGER，ALIMA SAIDI. Tolerance analysis for 0-1 knapsack problems [J]. European Journal of Operational Research，2016.

[31] 罗小虎，赵雷．一个解决 0/1 背包问题的蚁群方法 [J]．苏州大学学报（工科版)，2004，24 (1)：41-44.

[32] 金慧敏，马良．遗传退火进化算法在背包问题中的应用 [J]．上海理工大学学报，2004，26 (6)：561-564.

[33] HAN KUK HYUN，KIM JONG HWAN. Quantum-Inspired Evolutionary Algorithm for a Class of Combinatorial Optimization [J]. IEEE Transactions on Evolutionary Computation，2002，6 (6)：580-593.

[34] DORIGO M.，MANIEZZO V.，Colorni A. Ant system：optimization by a colony of cooperating agents [J]. IEEE Transactions on Systems，Man，

and Cybernetics Part B：Cybernetics，1996，26（1）：29-41.

［35］DANTIZIG G.，RMSER J. The truck dispatching problem［J］. Management Science. 1959，6（1）：80-91.

［36］熊浩，鄢慧丽．需求可拆分车辆路径问题的三阶段禁忌算法［J］．系统工程理论与实践，2015，（5）：1230-1235.

［37］李进，张江华．基于碳排放与速度优化的带时间窗车辆路径问题［J］．系统工程理论与实践，2014，（12）：3063-3072.

［38］李进，傅培华，李修琳，张江华，朱道立．低碳环境下的车辆路径问题及禁忌搜索算法研究［J］．中国管理科学，2015，（10）：98-106.

［39］YIXIAO HUANG，LEI ZHAO，TOM VAN WOENSEL，JEAN-PHILIPPE GROSS. Time-Dependent Vehicle Routing Problem with Path Flexibility［J］. Transportation Research Part B，2016.

［40］CAN B. KALAYCI，CAN KAYA. An ant colony system empowered variable neighborhood search algorithm for the vehicle routing problem with simultaneous pickup and delivery［J］. Expert Systems With Applications，2016.

［41］SAKTHIVEL MADANKUMAR，CHANDRASEKHARAN RAJENDRAN. MATHEMATICAL Models for Green Vehicle Routing Problems with Pickup and Delivery：A Case of Semiconductor Supply Chain［J］. Computers and Operations Research，2016.

［42］LI B. B.，WANG L. A HYBRID quantum-inspired genetic algorithm for multi-objective flow shop scheduling［J］. IEEE Trans on Systems，Man and Cybernetics，2007，37（3）：576-591.

［43］马良，朱刚，宁爱兵．蚁群优化算法［M］．北京：科学出版社，2008：1-235.

［44］GAMBARDELLA L. M.，TAILLARD E. D.，AGAZZI G. MACS-VRPTW：A multiple ant colony system for vehicle routing problems with time windows［J］. New Ideas in Optimization，1999：63-76.

［45］KOLEN A.，RNNOOY K.，TRIENEKENS H. Vehicle routing with time windows［J］. Operations Research，1987，3（5）：266-273.

［46］李大卫，王莉，王梦光．遗传算法在有时间窗车辆路径问题上的应用［J］系统工程理论与实践，1999，19（8）：65-69.

［47］张丽萍，柴跃廷，曹瑞．有时间窗车辆路径问题的改进遗传算法［J］．计算机集成制造系统，2002，8（6）：451-454.

［48］刘云忠，宣慧玉．动态蚁群算法在带时间窗车辆路径问题中的应用［J］．中国工程科学，2005，7（12）：35-40.

［49］崔雪丽，朱道立．带时间窗车辆路径问题的混合改进型蚂蚁算法［J］．计算机工程与应用，2009，45（4）：16-19.

［50］李宁，邹彤，孙德宝．带时间窗车辆路径问题的粒子群算法［J］．系统工程理论与实践，2004，4（4）：130-135.

［51］吴耀华，张念志．带时间窗车辆路径问题的改进粒子群算法研究［J］．计算机工程与应用，2010，46（15）：230-234.

［52］刘利强，戴运桃，王丽华．蚁群算法参数优化［J］．计算机工程，2008，34（11）：208-210.

［53］李军，郭耀煌．物流配送车辆优化调度理论与方法［M］．北京：中国物资出版社，2001.

［54］赵礼峰，王小龙．图的Steiner最小树问题的混合遗传算法［J］．计算机技术与发展，2014，（10）：110-114.

［55］张瑾，马良．Steiner最小树问题及其应用［J］．科学技术与工程，2008，8（15）：4238-4245.

［56］MARCIA FAMPA，KURT M. ANSTREICHER. An improved algorithm for computing Steiner minimal trees in Euclidean d-space［J］．Discrete Optimization，2008，5（2）：530-540.

［57］LIN F. T. Applying the Genetic Approach to Simulated Annealing in Solving Some NP-Hard Problems［J］．IEEE Trans. on SMC，1993，23（6）：1752-1767.

［58］LOV K. GROVER. Quantum Search on Structured Problems［J］．Chaos，Solitons & Fractals，1999，10（10）：1695-1705.

［59］吕欣，冯登国．背包问题的量子算法分析［J］．北京航空航天大

学学报，2004，30（11）：1088-1092.

［60］杜治国．量子 Grover 算法及其应用［J］．数学的实践与认识，2006，36（6）：313-317.

［61］金慧敏，马良，王周缅．欧氏 Steiner 最小树的智能优化算法［J］．计算机工程，2006，32（10）：201-203.

［62］殷剑宏，吴开亚．图论及其算法［M］．合肥：中国科技大学出版社，2003：1-25.

［63］张丽，丁晓东．图着色问题的逆序蚁群算法研究［J］．上海理工大学学报，2014，（05）：483-486.

［64］张新萍，张月琴，冯珊珊．一种求解图着色问题的蚁群遗传算法［J］．计算机应用与软件，2014，（11）：207-209.

［65］冉崇善，张婷．基于蚁群改进着色算法在智慧社区的应用［J］．计算机工程与设计，2016，（1）：152-155.

［66］THANG N. BUI，THANH VU H. NGUYEN，CHIRAG M. PATEL，KIM-ANH T. PHAN. An ant-based algorithm for coloring graphs［J］. Discrete Applied Mathematics，2008，156（2）：190-200.

［67］张丽，马良，石丽娜．图着色问题的蚂蚁算法研究［J］．上海工程技术大学学报，2009，23（4）：328-332.

［68］LAWTON G. Multicast：will it transform the Internet［J］. IEEE Computer，1998，31（7）：13-15.

［69］DEERING S. E. RFC 1112 Host extensions for IP multicasting［S］. USA：RFC Editor，1988.

［70］SCHOLLMEIER G.，WINKER C. Providing sustainable QoS in next-generation networks［J］. IEEE Communications Magazine，2004，42（6）：102-107.

［71］张强，龙华，赵继东，熊仲华，高杰．改进遗传算法在 QoS 组播路由选择中的 研究［J］．信息技术，2017，（5）：13-17，21.

［72］王文国，樊丽娟，刘洋．改进的蚁群算法与网络 QoS 组播路由研究［J］．通信技术，2016，（12）：1642-1647.

[73] 王帅，朱磊，俞璐，林万里．基于“适应活性”的 QoS 组播路由算法 [J]. 计算机应用与软件，2016，(5)：265-269，277.

[74] 胡浩，张航，康晓军，张思发．基于遗传蚁群算法的多约束 QoS 组播路由算法 [J]. 计算机与数字工程，2015，(9)：1566-1568，1705.

[75] KOMPELLA V. P. , PASQUALE J. C. , POLYZOS G. C. Multicasting for multimedia applications [C] //Proceedings of the 11th Annual Joint Conference of the IEEE Computer and Communications Societies (INFOCOM' 92). Florence Italy: IEEE Press, 1992: 2078-2085.

[76] KOMPELLA V. P. , PASQUALE J. C. , POLYZOS G. C. Multicast routing for multimedia communication [J]. IEEE/ACM Transactions on Networking (TON), 1993, 1 (3): 286-292.

[77] PARSA M. , QING Z. , GARCIN L. A. An iterative algorithm for delay-constrained minimum-cost multicasting [J]. Networking IEEE/ACM, 1998, 6 (4): 461-474.

[78] LI X. F. , LI X. Q. , LI X. G. A dynamic algorithm used in multicast routing [C]. Computer Supported Cooperative Work in Design, the 8th International Conference, 2004: 1-6.

[79] SUN Q. , LANGENDOERFRE H. Efficient multicast routing for delay sensitive applications [C]. Proceedings of the Second Workshop on Protocols for Multimedia Systems (PROMS95), 1995: 452-458.

[80] DIJKSTRA E. W. A note on two problems in connexion with graphs [J]. Numerische Mathematick 1, 1959: 1389-1401.

[81] WANG XINGWEI , CAO JIANNONG , CHENG HUI , et al. QoS multicast routing for multimedia group communications using intelligent computational methods [J]. Computer Communications, 2006, 29 (12): 2217-2229.

[82] HUSSEIN F. SALAMA, DOUGLAS S. REEVES, YANNIS VINIOTIS. Evaluation of Multicast Routing Algorithms for Real-Time Communication on High-Speed Networks. IEEE Journal on Selected Areas in Communications, 1997, 15 (3): 332-345.

[83] HUA WANG, ZHAO SHI, ANFENG GE, CHAOYING YU. An optimized ant colony algorithm based on the gradual changing orientation factor for multi-constraint QoS routing [J]. Computer Communications, 2009 (32): 586-593.

[84] LI ZHANG, LIANBO CAI, MENG LI, FAHUI WANG. Amethod for least-cost QoS multicast routing based on genetic simulated annealing algorithm [J]. Computer Communications, 2009 (32): 105-110.

[85] JUN SUN, WEI FANG, XIAOJUN WU, ZHENPING XIE, WENBO XU. QoS multicast routing using a quantum-behaved particle swarm optimization algorithm [J]. Engineering Applications of Artificial Intelligence, 2011 (24): 123-131.

重要术语索引